美好餐桌

理想·宅 编著

中国轻工业出版社

图书在版编目（CIP）数据

美好餐桌 / 理想·宅编著 . —— 北京：中国轻工业出版社 , 2020.6

ISBN 978-7-5184-2871-7

I.① 餐 … II.① 理 … III.① 餐 厅 — 设 计 IV.① TS972.32

中国版本图书馆 CIP 数据核字（2020）第 013248 号

责任编辑：巴丽华　　　　责任终审：张乃东　　　责任监印：张京华
版式设计：奇文云海　　　　封面设计：王超男

出版发行：中国轻工业出版社（北京东长安街 6 号，邮编：100740）

印　　　刷：北京博海升彩色印刷有限公司

经　　　销：各地新华书店

版　　　次：2020 年 6 月第 1 版第 1 次印刷

开　　　本：710 × 1000　1/16　印张：12

字　　　数：200 千字

书　　　号：ISBN 978-7-5184-2871-7　　　定价：68.00 元

邮购电话：010-65241695

发行电话：010-85119835　传真：85113293

网　　　址：http://www.chlip.com.cn

Email：club@chlip.com.cn

如发现图书残缺请与我社邮购联系调换

190542S5X101ZBW

方寸餐桌中的
爱与温度

PREFACE

　　餐厅作为家中的一隅,在空间面积上并没有丝毫优势,其受关注的程度远远比不上家中的门面——客厅以及追求私密与舒适的卧室。但这里作为美食的承载地,却是最能体现生活温度的一方天地。同时,对于很多中国家庭来说,如何烹饪出美味的菜肴,并不是难事,但如何让一张餐桌变得温情、有态度,却是一件考验能力的棘手事儿。

　　餐桌的美学布置,看似高深,实际上最讲究的却是用心。当你用一席带有蕾丝花边的桌布,铺陈在餐桌之上;当你将花样繁多的杯盘碗盏以及闪烁着光泽的餐匙刀叉,慢慢地排开、铺陈;当你将一捧鲜花插至透明的花器之中,再摆上摇曳着光影的烛台时,也许你并没有意识到,这些行为的产生并不需要刻意为之或必须遵循一定的规则,只是当下你最想呈现出的情感温度。

　　一席引人入胜的餐桌,同时还隐藏着无数种可能性:可以将人与人之间的距离拉近;可以让节日更有仪式感;可以成为记忆中的闪光点……能够在家中坐下来一起好好吃饭的人,都是生命中值得珍视的宝藏。当你用心地将一块方正的餐巾折叠成一只带耳朵的兔子,只为给家中的孩童带来欢笑;当你以新购置的茶咖具为名,联系闺蜜一起共享悠闲的下午茶……这些时光都是生活中值得珍惜的小确幸。

　　餐桌,看似不大,却有着为生活添加无穷滋味的魔力。美好的餐桌布置,不仅体现出主人对待生活的态度,也在对身边人传达着爱与重视的情谊。也许在未来的某一时刻,你会拿起这本书,不是为了功利地学会布置,而是真正将餐桌作为纽带,用以完成一场难得的相聚,用来承载爱和给予……

目 录

Chapter 1

基础用具:
功能之外的
绵远情怀

Chapter 2

单品装饰:
营造专属的餐桌风景

Chapter 4

布置提案：
14 个日常
餐桌美学设计

Chapter 3

餐桌布置：
高格调生活必修课

基础用具：
功能之外的
绵远情怀

一桌丰盛的美食
少不了精美的杯盘碗盏将其承载

一席动人的家宴
需要餐匙刀叉来碰撞出欢快

一双筷子中写满了对于传统文化的承袭

新购置的茶咖具
是联系闺蜜聚会的好借口

餐桌上的这些基础用具
不仅展现着本身的使用功能

还饱含着国与家、人与人之间的深厚情谊

杯盘碗盏中的觥筹交错

一顿美味的餐食离不开杯盘碗盏的承载。不同的场景、不同的用餐氛围，以及不同食物、饮品的盛放，对于杯盘碗盏的选择也不尽相同。例如，面包与木质托盘搭配最相宜，红酒需倒入透明高脚杯中才能彰显质感。餐桌上的器具的材质、品类繁多，需要了解清楚，才能运用得当。

1. 杯子：盛放酒水的容器

种类： 在家庭餐桌布置中，常用到香槟杯、白葡萄酒杯（小）、红葡萄酒杯（大）、利口酒杯、果汁杯、白水杯等。如果餐前酒是气泡酒，会用到瘦长型的香槟杯，若是鸡尾酒，则视具体酒款定杯型。红葡萄酒杯比白葡萄酒杯的开口宽度会更大一些，高度往往也较白葡萄酒杯高，而高脚水杯一般来说较高、较大，有时会用圆桶形的杯子代替。另外，如果是现代中式餐宴，还会用到白酒杯和分酒器，一般放在餐盘正前方，与其他类型的酒杯并行使用。

材质： 宴会中用的杯子材质多为玻璃，其中透明的玻璃杯具有很好的通透感，最适合营造干净、清爽的空间氛围；色泽多样的水晶玻璃杯则品质感较高，同时可以为空间带来时尚气息。而像色彩、图案、造型均非常丰富的陶瓷咖啡杯、马克杯等较适合出现在日常餐桌的布置中，带来生动、活泼的用餐氛围。

摆放： 如果在家中举行正式一些的聚会，用餐时往往会准备多款酒品，因此在摆放酒杯时，最好把所有的杯子由外向内摆放，方便由外往内倒酒。日常的餐桌布置对果汁杯、咖啡杯等则没有硬性摆放原则。

2. 盘子与碗：展现食物之美的工具

在众多餐具中，盘子和碗在餐桌上所占的比重较大。精美的碗盘不仅能够让人感到赏心悦目，还能够增进食欲。由于中西餐的差异，以及日常用餐场景的差别，碗盘的布置数量可多可少。

尺寸：常用的西式餐盘经常以尺寸进行划分，如展示盘 30 厘米、主餐盘 27 厘米、点心盘 22 厘米、面包盘 16 厘米。中式餐盘则由平盘和深盘组成，尺寸各异，平盘主要盛装炒菜和冷菜，深盘主要盛装带汤的菜肴，也被称为"汤盘"。盘类中除了菜盘，还有专门盛鱼的盘子，造型多为椭圆形大盘。另外，无论是中餐，还是西餐，如果是分食型用餐方式，分享盘以 27~30 厘米为佳，个人盘则以 22 厘米以下较合适。西餐中的餐碗一般用于盛汤，常见双耳汤碗和无耳汤碗两种，多搭配汤盘使用；中餐中的餐碗则既可盛汤，又可盛放米饭、汤面等，常见 6 寸面碗和 4.5 寸饭碗（1 寸 =2.54 厘米）。

中式碗盘
常见种类

鱼盘

10 寸盘

8 寸深盘

8 寸浅盘

6 寸碗

4.5 寸碗

　　材质：碗盘的材质十分多样，不同材质所创造出的餐桌氛围也各有千秋，可以根据整体家居风格和使用人群进行挑选。常见种类如下。

陶瓷餐具

常见骨瓷、白瓷。用材环保、不易腐蚀、易清洁，且造型美观多样、色彩明丽、装饰纹样丰富，是日常餐具的常规选择。

竹木餐具

带有浓郁的淳朴感和原始感，可烘托出食物的特点。除正常形状外，还有一些特殊的外方内圆形、船形等形状，兼具艺术和收藏价值。

玻璃餐具

具有晶莹剔透的质感，现代感强，易清洁，但比较容易碎裂，常用来盛放凉菜、水果沙拉、餐后甜点等，不太适合盛放过热的菜品。

银质餐具

大多时候作为一种身份的象征出现在餐桌上，自身色彩非常迷人，且做工精良。造型精美，但成本高，可用铜制餐具替代。

不锈钢餐具

耐腐蚀、抗摔打，使用寿命长，风格简洁明快、线条简单，多适合现代、后现代风格的餐桌布置，在日常餐桌布置中较少使用。

塑料餐具

比较常见，但使用范围并不广泛，色彩非常鲜艳，多见于儿童餐具。但值得注意的是，随着小麦秸秆儿童餐具的流行，塑料餐具也越来越少见。

搭配法则 1:
根据用餐场景选择餐盘、碗具

在西式餐桌布置中，碗盘布置要做到在统一中兼具变化感、层次感。例如，个人使用的碗盘花色可以各不相同，但大菜盘最好为同色系，或是个人碗盘为同一套，但大菜盘的材质、颜色、形状、大小则任意搭配；又或者全部餐盘都两两相对混搭，这也是非常活泼的布置方式。

在中式餐桌的布置中，如果是一般的四菜或五菜一汤，建议盘器不要超过两种以上的颜色，避免杂乱无章。如果有个人碗盘，则可以多一种色系，以便和菜盘加以区别。

搭配法则 2：
根据餐食汤汁的多少，选择碗盘的深度

根据餐食汤汁的多少，在选择餐盘时还要考虑深度，一般干式食物如牛排、煎鱼等主菜，可选择平盘盛装，深盘则用来盛装带有汤汁的菜色，如意大利面、中式炖菜等。若餐盘的造型比较特别，在餐桌布置时，适合作为混合型食材的分享盘，如作为沙拉盘、冷菜盘等。

3. 辅助盛放类器具：
让用餐时光更便捷、有调性

　　餐桌上的盛放类器具，除了常见的杯子、碗盘，还有一些不一定出现，但具备一定的辅助功能，可以令用餐的层次感更强，从而增加餐桌布置调性的辅助盛放类器具。例如，若用餐时的酒水以红酒为主，则盛酒器必不可少；而若要盛放饮料、柠檬水等，透明的凉水壶则最为合适。而在中式餐桌中，辅助酒具也不可或缺，除了储酒器之外，若有喝白酒的需求，则要准备好分酒器。

/ 扩展阅读 /

瓷器餐具的挑选与清洁

在众多的餐具材质中，瓷器餐具最能体现中国特色，其英文名"china"的命名，一语道破瓷器与中国的关系。瓷器的分类十分庞杂，除了常见的白瓷、青瓷、骨瓷等，还有珐琅彩瓷、斗彩瓷等。在日常的餐桌布置中，以白瓷、骨瓷最为常见，因此掌握这两种瓷器的基本常识，能有效提升自身的生活品位。

1. 认识白瓷与骨瓷

白瓷：以含铁量低的高岭土瓷胚，加以透明釉烧制而成。但由于白瓷过于素净，为了增加其美观程度，现在的产品多会在白瓷表面贴上花纹后再上釉，被称为釉下彩；或者上底色釉之后再贴上花纹，被称为釉上彩。由于白瓷的耐用度极高，目前是最被广泛使用的瓷器。

骨瓷：当年英国人为了仿制中国瓷器，在无意中发现加入动物骨骼磨成的粉，可增加瓷器的透光性和洁白度，因此骨瓷开始盛行。由于骨瓷硬度高，比一般的白瓷薄，且做出的色彩更为艳丽迷人，因此相对白瓷更加昂贵，且具有薄如纸、透如镜、声如磬、白如玉的特点。

骨瓷

2. 白瓷与骨瓷的分辨方式

如今随着科技的进步，白瓷的生产技术也与时俱进，从外表看与骨瓷很难区分，但仍可以从"形状、色泽、声音、重量"四个方面来找出两者的不同。

形状：白瓷可塑性高，拥有更多样的造型，而骨瓷制作时需要压模或注浆，在形状的多样性上不如白瓷。

白瓷

色泽：好的骨瓷因加入的骨粉成分高，表面光滑度高，色泽会呈现出优雅的乳白色。虽然质优的白瓷色泽也接近乳白色，但质量较差的白瓷，则会呈现出不柔和的灰色或灰白色。

声音：白瓷质地较厚重，两件白瓷餐具相碰，会发出低沉的"叮"声，一般不会有回音或余音；骨瓷碗之间进行碰撞，一般会发出清脆的"当"声，且有回音。

重量：同样形状的器具，一般情况下骨瓷较轻，白瓷较重，拿在手上白瓷更有分量。

3. 挑选优质餐瓷的方法

在挑选时，可以通过检查餐瓷底部的方法，来辨别餐瓷上釉的讲究程度。瓷器在烧制完成后，底部多半会留有一圈没有上釉的接触面，摸起来较粗糙，在餐具叠放时，会磨损其他餐具。但好的餐瓷，则会在这个细节上用心上釉，使得瓷器底部那一圈摸起来仍会有平滑的质感。

4. 瓷器餐具的清洁方法

若希望瓷器餐具经久耐用，永葆如新，应做好清洁与保养。用过的餐具应立刻清洗干净，否则脏污容易残留在餐具表面，造成洗涤不易，最终降低餐具寿命。清洗时，先用温水冲掉表面污渍，再用海绵抹净即可。若习惯使用清洁剂，应挑选不会伤害瓷器的中性清洁剂，且水温最好不要超过80℃，也应避免将滚烫的餐具直接放入冷水中，导致温度迅速改变，影响瓷器质量。餐瓷清洗之后，需沥掉多余水分，用吸水性好的软布擦干，再放到橱柜里收纳。

餐匙刀叉定位品质人生

汤匙刀叉可以将美味与味蕾彼此连接，最终让身体享受到食物所带来的愉悦之感。汤匙刀叉一般在西式餐桌的布置中较为常见，其中刀叉的种类十分繁多，需要根据餐食的品类进行选择，用法上十分考究。

1. 刀叉：将各种美味进行精分

种类：西式刀叉根据长短大小不同，会有不同的用途，如抹面包奶油用的面包刀，一般的餐刀、主菜刀（又分成不同用途）、甜点刀叉等。一般家庭用餐分为冷餐、正餐和甜点三种，因此至少要准备甜点刀叉和正餐刀叉，其中甜点刀叉也可以用于冷餐。若是比较正式的聚会餐桌，则最好将不同用途的餐具区分开来，避免让每一道菜肴的味道互相混淆。而在一些日常餐桌的布置中，由于餐后会上水果拼盘，因此事先准备好一套精美的水果叉则显得十分必要。

材质：刀叉的材质常见纯银、镀银洋白铜、洋白银和不锈钢等。若要举行一场高端正式的晚宴，一套品质精良的银制刀叉是必要配备，但对于一般的餐桌布置来说，一套质量好的不锈钢刀叉足矣。

刀叉的握柄花饰设计，要依照餐桌瓷器的风格进行挑选，才能够相得益彰。例如，对于古典风格的餐桌瓷器，适合搭配纹饰典雅的刀叉，如果用设计感较现代的刀叉来搭配，就会显得格格不入。如果家里的餐具风格差异较大，则可以挑选设计较为中性，没有太多纹路装饰的刀叉。

2. 餐匙：品尝汤水、甜品的小物件

在西式用餐场景中，常用到的餐匙包括汤匙、甜品匙和茶匙，其中甜品匙也可以兼做汤匙。依据用途不同，餐匙有不同的摆放方法。一般来说，汤匙会事先摆放在桌面上，甜品匙和咖啡匙则会随餐送上。在中式用餐的场景中，用到的餐匙主要为汤匙，一般和汤碗一起出现，常常直接放置在汤碗中。

筷子里的中国味儿

筷子是中华饮食文化的标志之一，最早用于在煮沸的汤羹中捞菜，如今已经是中式餐桌上必不可少的用餐器具。筷子长七寸六分，代表人有"七情六欲"；它一头圆、一头方，象征着"天圆地方"。筷子连动着亲人故土和街坊邻里，是典型的东方文明的象征。

材质： 筷子通常由竹、木、骨、瓷、象牙、金属、塑料等材料制作。其中竹筷、木筷和不锈钢筷子较常见。竹筷材质天然，不易变形，是很多家庭餐桌上的首选，且适用于大多数的餐桌布置。不锈钢金属筷子较卫生，但需要选择材质有保障的产品，多和餐勺组合出现。

摆放： 在餐桌的布置中，筷子一定要整齐地摆放在饭碗右侧，最好搭配同一风格的筷枕与其匹配，这样既可以在细节处为餐桌布置加分，又能避免在用餐过程中直接把筷子放置在桌面或碗盘上，使用起来不卫生，且影响整体用餐环境的幽雅感。

搭配法则：
筷子纹样要与餐桌环境相宜

筷子的结构简单，一般皆为上方下圆的款式。其中竹质、木质筷子，除了纯色款，也常会在方形的一头带有雕刻花纹，或镶嵌金属装饰。这类筷子本身的兼容感较强，非常适合中式餐桌的布置。而金属材质的筷子中，银色光泽的筷子现代感较强，比较适合现代风格的餐桌搭配；金色的筷子则常为亚光材质，显得更加低调、高档，在北欧、轻奢类的餐桌布置中较常见。另外，金属筷子并非只有一色到底的款式，多色结合的款式也很常见。

手作! 折纸筷枕与筷子套

　　筷枕的体量虽然不大，但用途却不容忽视，它既是筷子放置的容身之所，也是餐桌上灵动的小装饰。筷枕也可以用筷枕套来代替，同样具有装饰性。除了购买成品，利用手边漂亮的折纸也能手工制作筷枕和筷子套，十分方便。

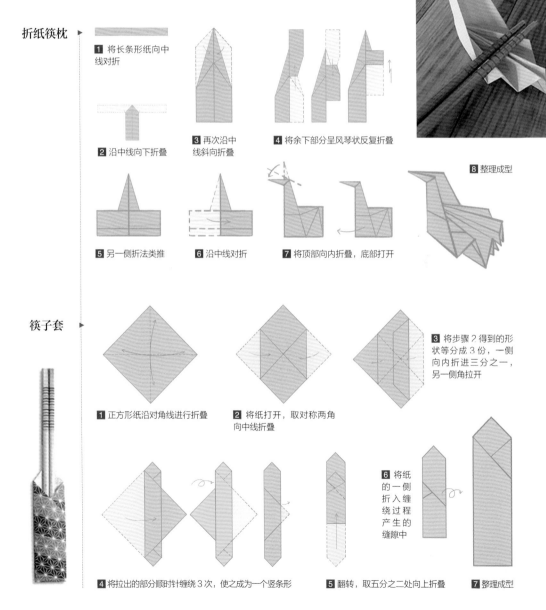

折纸筷枕 ▶

1 将长条形纸向中线对折

2 沿中线向下折叠

3 再次沿中线斜向折叠

4 将余下部分呈风琴状反复折叠

5 另一侧折法类推

6 沿中线对折

7 将顶部向内折叠，底部打开

8 整理成型

筷子套 ▶

1 正方形纸沿对角线进行折叠

2 将纸打开，取对称两角向中线折叠

3 将步骤2得到的形状等分成3份，一侧向内折进三分之一，另一侧角拉开

4 将拉出的部分顺时针缠绕3次，使之成为一个竖条形

5 翻转，取五分之二处向上折叠

6 将纸的一侧折入缠绕过程产生的缝隙中

7 整理成型

让下午茶更优雅的茶咖具

茶咖具源于英式下午茶，是下午茶聚会中所用到的骨瓷茶具与咖啡具的统称，类别较多。在家庭餐桌布置中，可以根据人数进行增减，也可以视主题来决定数量。倘若只是闺蜜之间的平常小聚，一个骨瓷壶、一组杯具即可让人享用温柔的下午茶时光。若想体验一把相对正式的英伦下午茶，则需尽可能地将茶咖具备齐。

❶ 骨瓷壶　❷ 奶盅　❸ 糖罐　❹ 茶叶罐　❺ 杯组

茶咖具的组成

—用于偏正式的下午茶—

骨瓷壶

包括两人壶、四人壶及六人壶，视人数而定。

奶盅

使用奶盅前，要先以热水将奶盅烫过，再加入新鲜的冰牛奶，使之回温，再加入红茶中。

糖罐

和奶盅大小差不多的砂糖罐，通常有盖子。在红茶内添加一匙砂糖饮用，更能带来另一种风味。

茶滤

倒茶时，可将茶滤置于茶杯上过滤茶叶，优雅又方便。

茶叶罐

金属材质的茶叶罐，密闭性佳，可保留红茶原有的风味。

杯组

正统的红茶茶杯，杯口圆而宽广，可将红茶优雅的香气扩散出来，如若喝咖啡，则会另外搭配搅拌勺使用。茶杯摆放时要将杯耳朝右，并附上茶匙。茶匙必须放在杯耳下方成 45 度角的位置，把手朝向身体。另外，茶杯一定要搭配一个小托盘。

搭配法则：
茶咖具最好成套出现

由于茶咖具的品类较多，布置时最好为成套组合。一般享用下午茶的人群多为女性，因此餐桌的布置风格以浪漫、柔美为主，装饰上则常会选择组合式花艺，这时不妨搭配一套花纹丰富的茶咖具，令整体环境仿若沉浸在一片花海之中。若觉得花纹丰富的茶咖具对于场景搭配的限定性较高，则可以常备一套白色带金边的款式，既百搭，又与下午茶的调性相宜。

餐桌上的那一抹"甜"叫作甜品架

甜品架也称为"点心盘"，顾名思义，是用来盛放甜品、蛋糕、饼干、糖果等的器具，和茶咖具一样，甜品架是下午茶时光中的绝佳配置。另外，在儿童的生日宴中，也常常见到它们的身影。

款式：甜品架最经典及常见的款式分为三层，最下层放面包、三明治等，中间层可以放传统的英式下午茶点心司康，最上层放蛋糕及水果挞等甜点。在食用时也要遵循一定的顺序，即从下往上食用。另外，在现代餐桌布置中，也可以出现双层甜品架。而在儿童的生日宴席中，往往也会在单层的甜品架上直接放置生日蛋糕。

自制甜品架

如果临时起意想安排一场下午茶聚会，但家中没有三层或双层的甜品架，不用急，可以利用家中现有的餐具打造独家甜品架，成就仪式感和上镜力十足的下午茶场景。

 1. 根据下午茶的主题来确定盘子款式，最好选用两大一小西式平盘。

2. 杯口平整的透明玻璃杯，和需要与之搭配的水果、甜品、饼干、小装饰品等。

/ 制 作 步 骤 /

❶ 在玻璃杯中加入柠檬、樱桃、迷迭香等，再注入清水，这样装饰性强，也可以饮用。

❷ 按照大盘—玻璃杯—小盘—玻璃杯—小盘的顺序把甜品架搭起来，形成比较经典的下午茶甜品架，也更具装饰性。另外，在具体操作时，应将玻璃杯放在盘子中间，以保证平稳。

❸ 将准备好的甜品、饼干上架，再加入一些小装饰品即可。

扫码看视频

/ 专题 /

学会餐具收纳，还原整洁居室

　　餐厅是一家人享受美食的地方，既要拥有完美的装饰，也要保证整洁干净。相对其他主空间来说，餐厅需要收纳的物品相对较少，大量餐具被收放到厨房中的整体橱柜里，但有些家庭也会考虑将常用的餐具收纳在餐厅中，以方便日常使用。

1. 利用整体橱柜进行餐具收纳

　　整体橱柜具有强大的分门别类的收纳功能，令零碎物品各就其位。整体橱柜的空间收纳量主要由吊柜、立柜、地柜等来决定。一般来说，不太常用的碗、盘子、杯子等餐具可以放置在橱柜上部的吊柜中。如果家中的整体橱柜为开放式，还可以将一些漂亮的餐具放置在柜体的格子中以作展示。而常用的盘子则主要依靠地柜收纳，这样更加方便拿取，比较有效的收纳方式为设置拉篮；也可以在整体橱柜的台面上设置餐盘架，将盘子立起来摆放。

2. 利用餐边柜进行餐具收纳

　　餐厅收纳离不开餐边柜的配合。餐边柜可以收纳餐厅和部分厨房用品，以减缓厨房的收纳压力。餐边柜和餐桌的摆放形式常见的为"平行式"和"T形"，若空间面积有条件的家庭建议采用"T形"布局，更方便使用。

平行式布局会导致在拿取餐边柜上摆放的物品时需要起身，造成使用不便；而T形布局则能够营造出餐桌和餐边柜"零距离"的接触方式，可将用餐时的多余器具随手放置在餐边柜上，拿取顺手，在一定程度上缓解餐桌的置物压力，但一般多为定制。

　　除了封闭式餐边柜，也可以选择部分结构为开放式的餐边柜。其展示功能更强，但需要对餐具进行更加有效的收纳。建议进行展示收纳的餐具最好为同一系列，同时与整体空间的氛围相符，且具备一定的美观度。

Chapter 2

单品装饰：
营造专属的
餐桌风景

带着蕾丝花边的桌布
为餐桌增添了几分妩媚
在透明花器中盛放的鲜花
让室内盈溢自然气息

当你用心将一块方正的餐巾折叠成
一只带耳朵的兔子
当精美的烛台摇曳出温情脉脉的光影……

也许这些装饰小物并不是餐桌上必备的物件
却有着营造餐桌氛围的魔力
以及对一起用餐之人的温柔情谊

桌布是完美餐桌的"底妆"

桌布是一个用来改变餐桌面貌，让用餐变得更有情调的好帮手，同时还可以避免桌面脏污或刮伤。在选择桌布时，应考虑与室内现有环境的搭配，否则桌布本身再好看，与周边环境搭配突兀，也会令整体环境显得不和谐。此外，在正式的西餐礼仪中，特殊节庆都会铺上桌布，就如同我们参加正式宴会时会穿上正式西装或礼服一样，桌布就像餐桌的礼服，代表了主人对宾客的重视。

1. 桌布色彩和图案的确定方法

要考虑背景墙面的配色：在一般家庭中，大多会选择一款桌布作为日常铺设。挑选时，应考虑餐厅背景墙的色彩。可以选择和背景墙用色相同的桌布，通过明度和花纹的变化令空间显得更加生动；但若背景墙的色彩本身就比较丰富，则桌布的色彩就应素雅一些，花纹也不宜过于复杂，选择简单的波点图案、条纹图案即可。

▲ 桌布色彩素雅，避免和色彩丰富的背景墙撞色

▲ 桌布色彩与背景墙面色系相同

▲ 餐具色彩艳丽，桌布色彩素雅

▲ 黑色桌布可以凸显白色餐具

　　应考虑与餐具搭配相宜：很多家庭中，餐盘的款式、色彩比较单一，由于桌布相对来说比较易于更换，所以可以根据家中现有的餐具来确定桌布色彩。如果比较注重细节，或者有非常精美的餐具，桌布花色则可以与餐具呼应，进一步彰显品位。如果餐具是白色或是浅色，略显平淡时，可以用颜色深一些或花色活泼的桌布；若餐具色彩比较艳丽，则可以使用浅色或者淡雅的对比色桌布与其形成色差，互相衬托。

2. 根据居室风格选择适宜的桌布

除了结合室内色彩及餐具色彩来确定桌布之外，也可以根据居室风格来选择适宜的桌布搭配。

▲ 绿色花纹的棉麻桌布清爽、舒适，仿佛在春日的郊游中体验户外野餐的乐趣，十分适合用于自然类风格的居室

▲ 彩色折纹桌布为原本素雅的空间增添了生动气息，这种搭配非常适合简洁风格的居室，但需要注意的是，桌布不要拖地，否则会打破简约的视觉效果

▲ 带有花边的条纹桌布，在细节处将简欧风格的质感悉数呈现

▲ 带有蔬菜图案的桌布，既有装饰感，也与餐厅环境的实用功能相符，同时也在一定程度上有增进食欲的作用

支招！ 常规桌布的选择方式

圆桌桌布的尺寸选择： 直径＋每边各垂 30 厘米。例如，桌子直径为 90 厘米，则可以使用直径 150 厘米的圆形桌布，也可使用 150 厘米 × 150 厘米左右的方形桌布。

方桌桌布的尺寸选择： 四周适宜下垂 15~35 厘米，尺寸计算方法为（桌布长度一桌子宽度）÷2＝垂边长度。

▲ 桌布适当垂边能够很好地保护桌面和边角，也具有一定的美化空间的作用。

3. 桌布的花样铺法

在日常的餐桌布置中，桌布的铺法比较常规。但若想要营造一些别样的用餐氛围，可以充分发挥想象力，利用桌布的花样铺设来为用餐增添乐趣。

▶ 将桌布斜铺，显得随性又有层次，更能突出轻松的氛围

▼ 选择质地柔软的桌布，进行褶皱铺设，营造用餐环境的随意感

▼ 叠铺桌布的形式，可以增加层次感，丰富用餐环境的情调

▲ 将桌布作为餐桌中线的装饰搭配，起到类似桌旗的作用，但更显精巧用心

▲ 桌布不必非要满铺，露出餐桌一边的铺法，更具视觉上的透气感

◀ 除了选择常规尺寸的桌布，也可以进行垂地铺设，使用餐氛围更加浪漫

DIY创意桌布

如果不满足于成品桌布的制式化，也可以充分发挥奇思妙想，来制作一款属于自己家的独一无二的桌布。不妨先购买一块素色布，价格比成品桌布会便宜很多，且发挥创意的余地非常大，如缝制带褶皱的花边，增加桌布的精致度与浪漫感；或者随自己的喜好购买烫印图案贴，用熨斗将其熨烫在桌布上即可。有孩子的家庭，也可以让孩子参与到 DIY 桌布的过程中。

▲ 直接在原素色桌布的基础上缝制蕾丝花边，为空间带来无限风情

▲ 在原本素色桌布上熨烫上狮子图案的烫印贴，增加童趣

儿童手印DIY桌布

工具 白色桌布、报纸、海绵刷、丙烯颜料

/ 制作步骤 /

❶ 先在桌布底下和餐桌周围铺上报纸，便于后期清洁。用海绵刷在孩子的手上涂上丙烯颜料，不要涂太厚。

❷ 孩子翻转手掌，将手掌和手指按在桌布上。进行时，和孩子沟通，要直接向下按压，避免涂抹。

❸ 用吹风机或自然风加速丙烯颜料的干燥即可。

令餐桌层次感更丰富的桌旗

在餐桌布置上，桌旗能起到画龙点睛的作用。桌旗一般采用优质的纺织物制作而成，呈现出的效果大多色彩鲜明、光泽度高，有的还会点缀布穗，装饰效果极强。在布置餐桌时，即使不铺设桌布，在餐桌中央横置一幅长桌旗，使之自然垂坠在餐桌两侧，其上再摆上一些装饰品，整个主题也会轻易凸显出来。

1. 桌旗的常见尺寸

一般说来，桌旗较适合长形餐桌，圆桌则不太适合设置桌旗。根据一般的餐桌尺寸，桌旗的尺寸宽度一般为 30 厘米、40 厘米两种，长度常见 160 厘米、180 厘米、200 厘米、220 厘米、250 厘米不等。桌旗铺设在餐桌上会留有部分垂边，一般垂边尺寸 15~30 厘米视觉感较好。

▲ 米黄色暗纹桌旗与整体温润的空间环境搭配相宜

▲ 带有流苏的缎面桌旗
可以为餐桌增添品质感

2. 桌旗材质和花色的选择方法

桌旗的花色可以根据布置主题进行挑选，只要风格和餐具、餐垫统一，就会呈现出整体美感。一般来说，偏正式和高端一些的餐桌布置，最好选择缎面印花材质的桌旗，以凸显品质感，形态既可以是尾端带流苏的款式，也可以是常规的长条形。一般亲朋好友之间的小聚会若选用桌旗，则可以是纯色的棉麻材质，凸显温馨、休闲的用餐氛围。

3. 多样化的桌旗布置营造百变餐桌风情

　　选择宽度适宜的桌旗铺设到部分桌面上，使之成为串起桌面和盘器之间的过渡角色，在桌面、桌旗、盘器搭配时起到意想不到的装饰效果。可以将两块桌旗两两平行，顺着面对面的位置对等垂坠摆放，划分出各人用餐空间；也可以将桌旗放置于餐桌正中央，划分出公菜盘的中心轴线；甚至还可以随兴斜放，用天马行空的创意制造别样的用餐风景。如果家中备有深浅各一套的桌旗，则能创造出更多的摆放方式，让餐桌环境更加丰富多彩。

▲ 沿餐桌中线设置桌旗，并摆设工艺品，形成视线中心

▲ 将两条色彩鲜艳的桌旗平行竖铺，增加空间的灵动性

搭配法则：
根据桌布色彩确定
桌旗颜色

单色桌布：考虑用带有花纹的桌旗增加色彩，否则整体空间会显得过于单一化；而花纹桌旗会使餐桌有层次分明之感。

素雅色彩的桌布：可以搭配同样拥有素雅花纹的桌旗，令空间显得沉稳。

艳丽色彩的桌布：桌旗选择相反颜色的撞色，会令整个空间更加出彩。

 要避免这样的搭配

应杜绝鲜艳桌布搭配鲜艳桌旗的布置方式

如果桌布上各种色彩和图案混搭，已经令人目不暇接，就不再适合搭配同样鲜艳的桌旗，会产生层次不清的问题。这时不妨选用素雅花纹的桌布，可以化解视觉的杂乱感。

▲ 单色桌布适合搭配有花纹的桌旗　　　　▲ 色彩与图案混搭的桌布适合搭配素雅花纹的桌旗

兼备实用与美感双重身份的餐垫

很多餐桌布置中会出现餐垫，因其除了具有装饰功能之外，还能避免弄脏桌布或桌面，具有方便、好清洁的实用功能。尤其是可清洗材质的餐垫，吃完饭只要用湿布抹干净即可。

材质与规格：餐垫的材质多种多样，有棉质、塑料、硅胶、珠串、藤编等，其造型有圆形、长方形和正方形，尺寸规格多为30厘米×40厘米或30厘米×45厘米。

使用场景：餐垫的使用比较适合轻松、非正式的场合，不是餐桌布置必须出现的物品。例如，可以在家庭生活中的早餐或是休息的下午茶会中出现，发挥类似"茶巾"的功能。

布置方式：餐垫可以很好地划分出个人用餐区域，结合餐盘、餐具布置，自成一景。餐垫大多情况下为成套出现，若追求个性独到的布置，也可以成对或交互变化餐垫的款式。

▲ 灰色棉麻餐垫可以更好地衬托出陶制餐具的质感

　　若同时使用桌布和餐垫，一定要考虑餐具的颜色，才能把餐具的美感衬托出来。一般来说，餐垫和餐具之间的色彩最好有所对比，形成视觉反差，才能凸显重点。另外，虽然餐垫的花样款式丰富多样，但是搭配的宗旨依然离不开与空间大色调、餐桌陈设氛围的和谐统一，其造型和色彩必须把控在整体风格的色系中，才能达到画龙点睛的效果。

▲ 灰蓝色餐垫与白色餐盘形成色彩反差，同时与花艺色彩有所呼应

多样化的餐巾花折叠方法

扫码看视频

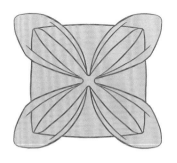

4 四个角全部掀出之后，整理成型

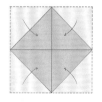

1 四个角向中心汇齐

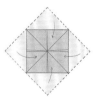

2 翻转，再将四个角向中心汇齐

3 将底部四个角掀出来

1 沿对角线对折成三角形

2 从三角形一角向内卷，最终成长条形

3 取长条形四分之一处，90 度角折叠

5 留出一角折入底部，使之成型

4 将长条形剩余四分之三的部分以短边为轴卷起来

5. 挑选心仪的餐巾环

　　餐巾环与餐巾相辅相成，搭配起来能展现众多巧妙心思。餐巾环用以固定餐巾造型，使餐巾摆入餐盘时不散乱。餐巾环的款式花样、材质同样非常丰富，除了比较常见的金属、亚克力、木质等，也可以用色彩鲜艳、对比感强烈的丝带代替，再配以鲜花。

　　适合大多数家庭的餐巾环选择：建议选择金属材质、款式简单的餐巾环，这样搭配面最广，四季皆可用，不论是与古典风或现代风、工业风或波普风搭配，都不会太突兀。也可以尝试选择亚克力材质，由于亚克力塑料有轻盈的质感，如果只能选一色，以透明为佳，能提升餐巾的亮度。

　　进阶版餐巾环的选择：如果能准备两套餐巾环，可以一套以缤纷明亮色为主，材质可以是亚克力或金属材质，另一套则可以是沉稳的大地色系或基本色，材质可以是编织流苏、皮革或是木质。

餐桌上灵动、活泼的身影：餐桌装饰物

餐桌装饰物是指除餐具和餐桌织物以外，在餐桌布置时以装饰性为主要目的的物品，是餐桌装饰时重要的一环，也是最具有灵活性和最能出彩的部分。其中包括餐具装饰物，如筷枕、餐巾环等。除此之外，更加引人注目的装饰物则是置于餐桌中心的装饰物以及其他一些散落在餐桌各个角落中的小物件。

1. 聚焦视线的餐桌中心装饰物

餐桌中心的装饰物是餐桌装饰的一个重心，摆放在餐桌的中心位置。当家中宴请宾客时，大家围坐在餐桌周围，其视线多会集中在这一中心装饰物上。现代餐桌装饰的中心装饰物使用最多的形式是艺术插花，偶尔也会用到食品雕刻、糖艺雕塑等可食用的装饰艺术品。这种台面中心的装饰物一方面起到装饰桌面、凸出用餐主题的作用，给人以美的享受，另一方面可以体现主人的品位，有时还可以增加交谈的话题。在具体布置时，中心装饰物不宜过高、过大，以免妨碍就餐者相互交流及菜品的摆放。

2. 提高餐桌整体效果的其他装饰物

除了餐桌中心装饰物，餐桌上还会出现各种呈现多样艺术效果的装饰小件，如人物装饰小件、动物装饰小件、建筑模型装饰小件等。这些小件装饰品有陶瓷的，有银制的，有玻璃的，不胜枚举。虽然在桌面装饰时是比较小的摆件，但这种细节之处有时却能为整个桌面装饰增添不一样的感受，进一步提高餐桌的整体效果。

情调餐桌上的"常客"：烛台

烛台是餐桌布置中很容易形成视觉焦点和营造情境的单品。不论是想要在家中来一场烛光晚餐，还是宴请亲朋好友聚餐，选上几只适宜的烛台，再点燃蜡烛，其产生的光影效果情调十足。

1. 选择适宜的烛台材质

烛台按照材质可以分为玻璃烛台、银质烛台、陶制烛台、铜质烛台、不锈钢制烛台、木质烛台等。其中以透明的水晶或玻璃材质为佳，搭配任何色彩的蜡烛都不突兀。但要想营造节庆氛围，或古典气息的餐桌氛围，则选用金属材质的烛台最适宜，搭配细长的蜡烛，很容易烘托氛围。

2. 不同形态的烛台布置方式有区别

　　烛台按照造型有高、矮、单支、多支等不同形式。如果采用单支烛台进行组合搭配，布置时要有高低落差，制造视觉层次。而多支造型的烛台本身就有高低不同的设计，其体积也稍大，比较适合正式场合的长桌使用。

3. 蜡烛也是餐桌上烘托氛围的好帮手

　　蜡烛与烛台的关系，类似花材与花器。但蜡烛除了和烛台进行搭配，也可以单独作为餐桌上的装饰物，通常会依照餐桌风格进行颜色选择。形状上，除了传统的条状蜡烛，也有块状蜡烛，最好双数购买，成对摆放能呈现出烛光温暖的氛围，而块状蜡烛也不需刻意分出高低落差。

不是佳肴，却色香味俱全的餐桌花

　　美丽的餐桌花是餐桌布置中非常容易达成情境效果的素材。餐桌花的概念十分广泛，除了鲜花花艺、绿植，也可以用一些具有创意的布置手法，例如将干燥花与麦穗倒入玻璃瓶中作为装饰，或者摆上几根漂流木，打造一个绿意小景等。

1. 根据餐桌主题选择适宜的花材

餐桌花的花材可以根据主题来做选择，例如，情人节餐桌可以选用玫瑰，法式乡村主题可以搭配薰衣草，海洋风餐桌则可以选择小体量的蓝色系花材等。另外，直接选用当季花材与整体餐桌作搭配，能够体现出更多的季节性，非常适合四季主题的日常餐桌布置。

2. 餐桌花的尺寸、高度、造型应考虑就餐者的感受

设置餐桌花时，为了不妨碍宾客的用餐与交谈，其花卉尺寸应不超过餐桌长与宽的1/3，即其所占面积不应超过餐桌的1/9；其高度不得超过一般人落座时的水平视线高度。餐桌花的整体造型并没有固定的模式要求，主次分明、错落有致、轻松随意即可。

3. 餐桌花的几种布置形式

餐桌花的布置方式总体上可以分为中心式、组合式、散点式、悬垂式和直线式几种。

中心式：指在圆形餐桌的圆心或方形餐桌的中心摆放单独的餐桌花，体形大小根据餐桌的大小和形状以及餐桌装饰的整体设计来调节。

组合式：由两个以上的餐桌花组合而成，通常出现在直径较大的圆形餐桌或长度较长的餐桌布置中。其组合形式多样，有一大一小、一大几小或几组同样大小的组合方式。一般来说，较大的餐桌花适合作为中心装饰物，小型餐桌花则可以随意放在餐桌的适当位置，作为点缀之用。

散点式：没有明显的大型餐桌花形象，由单独的小型餐桌花分散布置于餐桌上，也可以在盘饰之中呈现。

悬垂式：其效果与桌旗效果类似，但更具有立体感，形成类似于瀑布的形态。这种餐桌花布置比较适合正式一些的宴会。

　　直线式： 适用于长餐桌，可以是一个长型的餐桌花形象，也可以是几个餐桌花拼成直线状的摆放形式。若就餐者位于餐桌两侧，则把餐桌花布置在餐桌的中线上，这种形式较常见；若就餐者位于餐桌一侧，则可以把餐桌花摆放在餐桌的另一侧。

4. 餐桌花的好搭档——花器

　　插花花艺离不开花器的衬托，但花器毕竟是盛装花材的配角，不应让其抢了餐桌花艺的风采。另外，由于餐桌花需要摆放于餐桌上，因此花器不宜过大，以确保摆放之后还有足够的空间摆放食物。

一般情况下，餐桌花的花器须选择是设计和线条均非常简单的款式，颜色也以透明和素雅为主，不仅容易搭配各种花材，也不会喧宾夺主。但若餐桌布置中的餐具、桌布等均是素雅的和谐色，也可以考虑用色大胆或特殊设计的花器，作为层次变化，甚至可以成为餐桌的设计亮点。同时，也可以根据餐桌花的主题和风格选择适宜的花器，例如草编花器和素烧花器适合朴素不做作、具有自然情趣的餐桌花；玻璃花器适合西式插花和现代自由式插花。

支招！ 花卉与花器的配色可对比、可调和

花卉与容器之间的色彩搭配主要可以从两方面来进行考虑：一是采用对比色组合；二是采用调和色组合。对比配色有明度对比、色相对比、冷暖对比等，可以增添居室的活力。运用调和色来处理花材与器皿的关系，能使人产生轻松、舒适感。方法是采用色系相同而深浅不同的颜色处理花与器的色彩关系，也可采用同类色和近似色。

▲ 对比色组合

▲ 调和色组合

Chapter 3

餐桌布置：
高格调生活
必修课

美好的餐桌布置
体现出对待生活的态度
以及对于身边人无法言传的爱与重视

为了一场难得的相聚精心布置
为了一顿珍贵的饭局费尽心思
布置美好的餐桌需要用心，也需要一定的技巧
色彩、格调的营造，质感、分寸的拿捏
每一步都体现出个人的情调与品位
餐桌布置真可谓一堂高格调的生活必修课

餐桌规划三部曲：主题、风格、色调

在餐桌布置之前应确定一个主题，尤其是在宴请宾客时。仅仅靠漂亮餐具堆砌出的餐桌并不能真正打动人心，恰当的餐桌布置才能从细节中体现出品位，并且使宾客对饮食空间及整个聚会产生深刻印象。因此，在进行餐桌布置前，首先要确立主题，而体现主题的两个基本要素就是"风格"和"色彩"。

/ 基 本 步 骤 /

确定主题：餐桌布置的主题一般以节日为主，如情人节、圣诞节等，也可以是休闲聚餐、闺蜜聚会、生日趴等，甚至可以仅是一个人的早餐、周末餐等，选择范围没有限制。

确定风格：主题定下来之后，应根据宴请宾客的构成，或家中成员的喜好，来确定布置主题。例如，同样是圣诞节餐桌布置，若仅仅为朋友间的小聚，可以将风格定位得比较轻松；但若宴请的是公司同事或领导，则应适当体现出商务感、高级感，餐具的摆放也应更加考究。

确定主色调：主色调与风格休戚相关。确定主色调时，除了考虑餐桌物品之间的协调配色，也不要与整体空间大环境相悖。若空间环境色彩简洁，发挥空间较大，以风格配色为主，再加入一些节日特定色彩，即可轻松完成餐桌搭配；但若空间环境色彩丰富，则应尽量简化餐桌配色，或在一定程度上找出与整体空间相呼应的色彩。

1. 风格

在进行餐桌布置时，只要确定了基本风格，一切就变得简单、明朗。时下比较常见的餐桌风格包括优雅风、浪漫风、古典风、休闲风、自然风、简洁风等。但这些风格并非拘泥，也可以进行相互间的混搭，如浪漫风格与优雅风格的结合、休闲风格与自然风格的结合等。当然还有一些其他风格的体现，如哥特风格的万圣节餐桌，可爱少女风格的生日聚餐等。

优雅风

体现优雅风最简单的方式为多选择银色餐具，且整体配色不宜过多，其中浅灰色、浅驼色最适宜。

浪漫风

浪漫风格常选用清澈、柔和的粉或蓝，要突出主体色相，同时配色上要保持统一。另外，装饰花艺必不可少。

古典风

英式传统风格给人厚重感，多见酒红色、暗紫色、黑色等暗色调，同时会搭配一些金边餐具，体现品质。

休闲风

休闲风在用色选择上可以更加多样化，但主体色彩最好为鲜明色调，给人轻松、蓬勃之感。

自然风

配色可充分借鉴自然中的色彩，如绿色、褐色、象牙白等最常见。装饰上也可以利用自然界中的树枝、花草等，来凸显主题。

简洁风

色彩以无色系中的黑、白为主，以9：1或8：2的比例点缀上其他明亮色彩，就能营造出明暗有度的简洁风餐桌。

2.配色

在进行餐桌配色时，可以采用协调配
色、主色突出、撞色搭配以及多色组合等几
种方式。

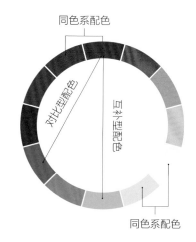

协调配色： 最常见的色彩搭配为同色系
配色，指采用同一色系中不同纯度、明度的
色彩相搭配进行设计，也可以通过不同餐具
的图案变化来规避单一配色的单调感。

　　同类型配色也是一种调和色搭配。例如，用红色搭配黄色，比单纯的同色系红色搭配要丰富。此种餐桌配色不会太活泼但具有层次感。进行同类型配色时，需要控制好色彩之间的比例，不建议平均使用两种色彩。应以一种色彩为主，另一种色彩做点缀使用，这样更能获得和谐效果，并能使空间中的色彩主次更突出。

撞色搭配： 互补型配色属于撞色搭配中的一种，由于色相差大，视觉冲击力强，可以给人深刻的印象，也可以营造出活泼、华丽的餐桌氛围。具体搭配时，如果把形成对比的两种颜色的纯度都设置得高一些，搭配起来效果很出彩，两种颜色都会被对方完好地衬托出特征。

对比型配色形成的餐桌氛围与撞色型配色类似，但冲突性、对比感、张力降低，兼有对立与平衡的感觉。例如，红色与蓝色搭配既能引起视觉注意，又相对于红色与绿色的搭配有所缓和。

多色组合：多色组合的餐桌配色可以形成开放、华丽的氛围，非常适合儿童生日、闺蜜聚会的餐桌布置。可以选择一块色彩鲜艳的桌布来吸引人的视线，餐盘、装饰等物品的色彩可以来源于桌布中的某一个色彩，或者为白色、灰色等浅淡色彩，切忌用色杂乱无章。

有原则更精彩：
餐桌布置要遵循的三个原则

　　美好的餐桌布置并非随心所欲，而是要遵循一定的章法，令原本独立存在的桌布、餐盘、装饰物等和谐共处。在具体布置时，主要可以从美学原则、适度原则和以人为本的原则入手。

　　美学原则：餐桌布置讲究节奏与韵律之间的美感、多样与统一之间的美感、对称与均衡之间的美感。例如，在长方形的餐桌中心摆放一个花艺作品，之后等距摆放两个造型、颜色一致的烛台，这种对称的摆放方式可以带来平衡、稳定的视觉感受。再如，餐桌中的装饰物没有明显的视觉主体时，面对数量较多、体量较小的装饰物，就要运用好节奏美与韵律美的法则，可以通过三两的组合方式与器物间形成不同的远近距离，打破平均感和乏味感。

　　适度原则：餐桌装饰物若过少，不具有视觉吸引力和冲击力，会显得单调乏味；但若过多、过杂，则可能会造成视觉疲劳，令主题性缺失，适得其反。因此，保持适度原则，才能保证美感餐桌的呈现。另外，餐桌装饰物在形成视觉美感的同时，还要保证不影响用餐活动。

　　以人为本原则：餐桌布置的目的是让使用者拥有更好的体验，因此在布置过程中，要以使用方便为前提。例如要适度考虑人体工程学，人在用餐时的活动范围大约为 76 厘米 ×45 厘米，这也决定了餐盘之间合理的预留距离。另外，根据宴请宾客的类型，选择适宜的装饰物，才能最终达到令参宴者感到舒心的餐桌布置目的。

❶ **适度原则**：虽然装饰花艺占据了较大空间，但不影响用餐。

❷ **以人为本原则**：个人用餐距离适宜，可以完成优雅用餐。

❸ **美学原则**：装饰小物的出现很生动，成组摆放也不显凌乱。

留白：高级的艺术表达

留白是一种美学意境，讲究用"以少胜多"的设计手法，创造出以奇制胜的艺术效果。但这种"少"并不意味着空无一物，而是一种对于简单、惬意理念的追索，让人们在留白中形成更多思考和想象的空间。餐桌上的留白，不仅可以增加美感，还可以将实用原则发挥到极致。

1.裸妆餐桌带来的"素颜"清透美

在为餐桌进行留白设计时，可以先不急着考虑要用什么样的餐盘和装饰物进行点缀，而是直接分析现有餐桌所具备的先天条件。若餐桌为原木材质或以干净的亚光漆饰面，且并非是商务宴请主题，则可以不铺设桌布，而是在餐盘和原色餐桌之间制造一场色彩游戏，营造极简视觉效果。

2. 白色餐盘让你的餐桌会呼吸

白色餐盘非常容易制造出干净、素雅的视觉效果。无论家中的橱柜里有多少不同款式的餐具，最百搭的一定是白色餐盘，它几乎适合任何餐桌场景，可随意搭配各种料理。无论是丰盛的中餐，还是精致的西餐，简约的白色餐盘都是完美标配，透露出安静的美丽。如若想要追求低调又不落俗套的餐桌布置，也可以选择一些带有细节设计的白色餐盘，如带金边的款式或带浮雕花纹的款式等。它们既具有白色餐盘的所有优势，又能展露出与众不同的精致品味。

优雅用餐的西式餐桌摆设

西式餐桌常给人优雅、高档的视觉感受。中国人在家中宴请宾客时，也常常会借鉴西式餐桌的布置方式。西餐的饮食习惯是刀叉并用的分餐方式，用到的餐具种类繁多，在具体布置餐桌时，可以遵循一定的原则，再做简化。

1. 餐具种类

餐具可分为个人专用和公用器皿两类。个人专用器皿包括餐盘、汤盘、面包盘（或奶油面包盘）、沙拉碗（或沙拉盘）等；公用器皿主要有咖啡壶、糖缸、奶缸、汤锅、汁斗、素菜斗（鸭碗）、椭圆形长盘等。

2. 布置方式

餐盘摆放：从主人位开始顺时针依次将餐盘摆放在每个餐位的正中间，且距离桌边1.5厘米。若用到面包盘，应摆放在主餐盘左侧，并在面包盘右侧摆上黄油刀。

▲ 西餐宴会餐桌整体布局示意图

面包盘　黄油碟　　甜品勺　甜品叉　　水杯　红葡萄酒杯　白葡萄酒杯

黄油刀　　　各种叉　　主餐盘　　餐巾　　　　各种刀、勺

▲ 西餐宴会餐桌个人餐具器皿摆放位置示意图

扫码看视频

刀叉勺摆放： 从主餐盘左侧由外及里依次摆放沙拉叉、鱼叉、主菜叉，从餐盘右侧由外及里依次摆放汤勺、鱼刀、主餐刀，除了鱼叉向前突出 2~3 厘米外，其他刀、叉、勺均平齐放置，且距离桌边 1.5 厘米为宜。

甜品叉勺摆放： 在餐盘正前方摆甜品叉、勺，且先摆放甜品叉，叉把朝左，甜品叉前方摆放甜品勺，勺把朝右。

杯具摆放： 水杯、红葡萄酒杯、白葡萄酒杯从左至右依次摆放，杯与杯之间相距 1 厘米，并与桌边呈 45° 角，以一条直线的方式进行摆放。

其他装饰物摆放： 西餐中多采用碟花，可将叠好的碟花依次摆放在餐盘上。装饰桌花一般位于餐桌的中心位置，而烛台则常放置于餐桌中线位置上，距离桌花 10 厘米处。

传承文化韵味的中式餐桌布置

中式的饮食习惯与西式恰恰相反，往往会营造出热闹的氛围，但这并不表示中式餐桌布置就可以随意。比较正式的中式餐桌布置一定要坚持协调一致、中正的原则，基础餐具的摆放也应遵循一定的规则。

1. 餐具种类

中餐的主流饮食习惯是用筷子进食，相对于西式餐具简化了很多。一般供个人使用的餐具主要是配备三头餐具，包括饭碗、主餐盘、调羹；四头餐具则在三头餐具的基础上加一个汤碗，即饭碗、汤碗、主餐盘、调羹。三头餐具和四头餐具是成套餐具配备的基础。日常家用餐具参照三头餐具配备即可，可根据饭菜的多少临时加配盘、碗、汤锅，其餐具搭配比较自由、灵活。

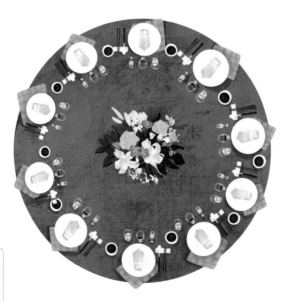

扫码看视频

▲ 中餐宴会餐桌整体布局示意图

汤碗　　　水杯　　红酒杯　　白酒杯　　　　　勺子　　筷枕

主餐盘　　　　餐巾　　　　　　　　　　筷子

▲ 中餐宴会餐桌个人餐具器皿摆放位置示意图

2. 布置方式

餐盘摆放：餐盘应位于用餐者身体的中正位置，保证与桌边一指宽（大约 1 厘米）的距离，且盘与盘之间的距离应相等。

筷子摆放：筷子应放在筷架上，筷架位于餐盘的右上方，筷子后端要与餐盘外端平齐。

汤碗、汤匙摆放：汤碗置于主餐盘左上方，距离餐盘 1 厘米处。

杯具摆放：中餐餐桌布置中会用到酒杯、水杯等杯具，应摆放在餐盘的正前方。

其他餐具摆放：公筷、公匙最好准备两副，分别放在主人位和副主人位的杯子正前方。

/ 专题 /

让时光停留的下午茶餐桌

扫码看视频

下午茶作为一种饮食习惯和既定的饮食文化起源于 17 世纪的英国，与当时上流社会的社交习惯有关。如今，这种社交形式慢慢浸润到很多中国家庭之中，在下午茶优雅的氛围里感受心理的平静以及与朋友之间温暖的情谊，从而疏解日常生活中的疲惫。

▲ "低茶"（Low tea，一般在下午 2~5 点享用的下午茶）的传统布置

　　由于下午茶的时间较短，布置形式上也不复杂，可以充分借鉴传统英式下午茶的布置方法，即 low tea 和 high tea。其中 low tea 指下午 2~5 点间的下午茶，搭配的点心和食物相对较少；high tea 则为下午 5 点以后享用的下午茶，搭配的点心和食物更丰富些，可以当作晚餐。

▲ "高茶"（High tea，一般在下午 5 点以后享用的下午茶）的传统布置

/ 专题 /

分享餐桌上的好风景
——用手机拍出一桌子的美好

用心准备的一桌子美好，若拍摄下来进行保存，作为日后回忆，不失为一桩雅事。但很多情况下，我们不具备专业摄影器材，如何才能利用常用的手机将美好餐桌进行记录、保存呢？以下介绍几招拍摄角度的技巧，多拍上几次，终能搞定美感十足的"大片"。

俯拍法：也称"鸟瞰视角"，是目前十分流行的静物拍摄角度，可以让组合看起来更有秩序感，且拍摄内容之间不需要存在明显的主次关系，非常适合拍主题丰富的餐桌，营造出一种琳琅满目的视觉效果。由于垂直拍摄需要站到较高的位置，在注意安全的同时，需要保证手机的稳定，另外取景要精准地与背景平行。

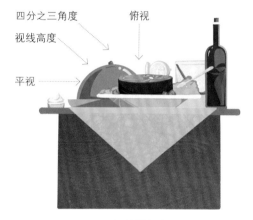

▲ 拍摄角度

视线高度：即人们坐在餐桌前，享用食物时观看食物的角度。这种约 45° 的拍摄角度，是美食摄影最常用的角度，这种拍摄角度更关注食物细节，也被称为"最有食欲"的角度。

四分之三角度：即人们站在餐桌前的角度，通常用于表现一些比较扁平的餐桌布置。采用这个角度拍摄，基本会拍摄到所盛器皿或餐具的大部分形状。若采用的餐具为方形或圆形，很有可能会因为透视关系变形，因此在拍摄时要注意观察取景器里的画面，防止透视变形。

平视角度：即0°拍摄，适合布置得体积感较强的整桌，餐具或装饰物有一定的厚度和高度、侧面细节也比较丰富。在运用这种角度拍摄时，需要注意背景环境是否适合入镜，背景墙面最好干净、整洁，或使用大光圈虚化背景墙面的杂乱感。

Chapter 4

布置提案：
14 个日常
餐桌美学设计

在餐桌上既可以和心爱的人好好吃一顿饭，
也可以和三五好友欢饮畅聊；

小小的餐桌既能承载起闺蜜间的小心思，
也可以让孩子们在此大快朵颐，
尽情绽放纯真的笑容。

不同的生活场景，
也要切换出相应的餐桌面貌，
用餐桌增强生活中的趣味，
把日子过得更具仪式感。

享受美好时光的一人食

一个人的时光并非只能与孤独为伴，用食材将美味传达，用餐具承载起色香味俱全的美食，用一席简单而用心的餐桌来分享对生活的热爱。即使一人食，也能将美好的时光打造成一首悠远的十四行诗。

一人食可以很随意，餐桌布置也不必刻意，顺应自己的心情铺上一块桌布，或者直接在餐桌上摆放喜爱的餐盘，再加上一束简单的餐桌花，或几个装饰小物，就可以营造出一方悠然自得的天地。

进行餐桌布置时若感觉无从下手，则可以用减法思维来塑造一人食的餐桌。桌布色彩最好选择明亮的浅色调，演绎出脱俗、雅致感。餐具则可以选择白色的瓷器、玻璃器皿等，摒弃繁复色彩，营造统一感。

整体设计：
强烈渲染主题

场景 1：

　　以干净的白底蓝条纹桌布为基本色，演绎出清爽印象，为一个人的早餐时光奠定悠闲基调。餐具材质十分多样化，木质托盘延伸于家具材质，营造出自然感；透明玻璃餐具则清透感十足，与新鲜的果蔬搭配，让胃口变得轻盈起来；白色陶瓷餐盘则在色彩上与桌布呼应。餐桌的装饰物不多，随手插制的雏菊，其轻盈的姿态烘托出惬意、放松的用餐时光。

　　适用场景：这个餐桌的主题为"放松"，作为慵懒假日的早餐场景十分适宜。无须烦琐的布置，只用干净、清透的色彩和材质就能营造出一段优雅的独处时光。

场景 2：

一块灰色的棉质桌布斜铺，再搭配一张牛皮纸，充满创意，且无论是融合的材质，还是协调的配色，均创造出了丰富的视觉层次。木质托盘中盛放着刚出炉的松软面包，配上色泽鲜亮的水果和一杯热腾腾的咖啡，让胃氤氲着温暖的食物气息。透明花器中的一支小花，或是几支银芽柳，简洁的线条渲染出主人对生活细节的品质追求以及对独处时光的尊重。

适用场景： 这个餐桌布置在餐具和桌布的选择上比较用心，适合雨天的周末，窝在家中与食物为伴，拍拍照片，吃着自己烤制的面包，让一人食也变得非常享受。

场景 3：

铺一块彩色花纹的桌布，让餐桌在整体环境中变得富有灵性。粉色作为主导，弥散出温柔味道，间或出现的青绿色则消解了甜腻感，增加几分自然属性。餐具选择了最简洁的款式和色彩，营造舒服视感；透明花瓶则选择了与桌布同色系的粉紫色，在统一中寻求色调的变化，结合着帝王花的出现，为餐桌定位出视觉焦点。

　　适用场景：这是一个在日常生活中可以随时出现的一人食餐桌布置，具体操作时，只需根据空间整体环境更换桌布或装饰花艺即可，但需要掌握好配色的延续和变化。

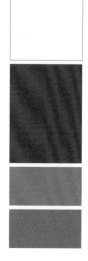

局部设计：
令餐桌更生动

上　一人食的下午甜品，用蓝色条纹餐桌布和黄色餐垫点缀，迷幻的银河盘是搭配香草冰淇淋的最梦幻选择，香甜的气味与随意的餐具布置混搭出独特的一人食餐桌。

下　天蓝色餐盘和刀叉简单清新，仿木餐垫带着憨实的可爱，跳脱的红色杯子，让一个人的进餐氛围变得活跃起来。

上　安静的下午是自己与自己对话的最好时刻，洁白的茶具，醇香的咖啡，简单的思绪随着香气穿过小碎花的茶壶，穿过棉麻的餐布，飘向远方。

下　餐盘与花材是同一系列的紫色，选用雅致的金色餐具，会自然而然地产生优雅感，即使是一个人进餐也变成一件优雅的事。

场景 2：

餐桌布置简洁有度，首先将色彩简化到最低限度，仅在无色系中加入带有生机感的绿色作为点缀。灰色餐垫上叠放白色定位盘和餐盘，再摆放透明玻璃杯以及黑色餐盘，用以制造层次变化。食物色彩与整体环境同样呈现出极简调性，通过简单的摆设带出不简单的气氛，在简约中创造出从容不迫的自在用餐氛围。

适用场景：极简的餐桌搭配让用餐时光也变得简单起来，十分适合 2~4 口人的小家。餐食简单却不乏营养，且餐具数量不多，收拾起来也不会占用过多时间。

适用场景：两个人的餐桌布置可以随心情任意切换，如果恰逢两人心血来潮，想打造一个新意餐桌，则可以参考本案例，家中的果蔬也可以成为桌面上的最美装饰。

场景 3：

用最简单的白底黑色格纹桌布覆盖餐桌，与整体干净、柔和的空间相呼应，衬托出清新、闲适的用餐氛围。餐盘和餐巾的选用同样低调、素雅。为了避免空间流于单调，在一片无色调的色彩当中，利用一系列黄橙色系的南瓜搭配尤加利叶作为装饰，形成视觉集中的焦点，并搭配复古金属烛台，使整体餐桌布置优雅、纯净而有层次。

场景 4：

　　果绿色的花器错落摆放制造高低差，即刻加强设计效果，加上金色茶壶的装点，品质感十足。另一侧在几何纹样的餐垫上叠放多样的餐盘，组合茶杯、餐食等物，用无色系交织出高级感，再用柠檬黄、咖啡色增加温暖度。整体搭配松弛有度、精致实用，既表达出对于用餐仪式感的追求，又不过分刻意，"刚刚好"的拿捏尺度令人十分舒服。

　　适用场景：将餐桌一分为二，一侧放置装饰物和日常用品，另一侧则作为用餐之地，适合作为新婚小夫妻的休闲用餐场所，对餐桌空间进行了很好的利用。

场景 5：

　　由于餐桌本身的色彩比较沉稳，因此选用了亮度较高的白色陶瓷餐具进行布置，形成色彩反差。在餐具下面放置了黑色餐垫，让色调差距较大的色彩之间拥有过渡，不显突兀。桌面除了餐具，只用了一盆多肉植物作为装饰，既与餐桌形成色系上的呼应，又平添了几分自然感。餐具摆放形态统一，创造出舒适的视觉体验。

　　适用场景：这是一款适用于一年 365 天中任意一天的餐桌布置。由于简洁，就算是作为工作日的早餐，也十分适宜；若在周末，只需更换餐食内容，就能让人品位假日的悠闲。

场景6：

新婚小家庭的餐桌不大，餐具摆放上也以实用性为主，沿着餐桌方向，对放餐具即可。熟褐色的陶瓷碗与木质餐桌属于同一色系，沉稳中透出温馨的日常感；玻璃酒杯、复古茶缸，看似风马牛不相及，却如同原本不相识的两人最终结合为一对心心相印的璧人，谁又能参透这其中的缘分？茱萸粉小鸟烛台，是餐桌中最灵动的装饰，将年轻、活力渲染到极致。

适用场景：两个人周末睡到10点，起床后煮一碗面，吃起来也是十分甜蜜。本案例中的餐桌布置，最适合追求快乐轻松生活的年轻小夫妻。

局部设计：
令餐桌更生动

白色餐盘与银色餐具是永远不会出错的搭配，将精心为家人烹制的美食装入纯白色餐盘中，以质朴的棉麻餐布衬托，爱与美味的展现就是这么简单。

因为与家人的进餐是轻松的，所以餐巾的摆放不用过于死板，可通过叠法营造流动感，黄色花材看起来明亮可爱，为就餐增加了活跃的气氛。

餐盘边的图案与花材相呼应，预示着一顿温馨而美妙的午餐就在骨瓷盘柔和的触感中进行，温馨的氛围悄悄地将家人的私房话传递到彼此的心间。

在休息日与家人一同享受早餐时光，餐垫和餐巾均选择给人以平和感的灰蓝色，海浪边纹的餐盘和手工印花玻璃杯，增加了共同进餐的仪式感。

亲友间增进感情的小聚餐

亲友间通过餐桌联络感情，不一定要去昂贵的餐厅，也不一定要饕餮盛宴。只要是主人亲自动手准备一桌平常却用心的餐食，更能体现出对于情谊的珍贵。

亲友间的聚会餐桌，布置上不用豪华，不必隆重，而是贵在体现用心。整体色彩上，简洁而不乏温馨感的清透配色最为适宜，无色系中的灰、白、金、银，搭配自然感的绿色，是简单有效的配色法则。

桌布无须一定出现，但若能用一方棉质桌布打底，搭配藤制餐垫或木制托盘，则能赋予空间柔软的温度。另外，亲友间的聚餐主题选择性十分丰富，可以是品酒畅聊人生的随性小酌，也可以是分享新菜的美食之约，无论哪种，良好的餐桌视觉都能带给味蕾满足的记忆。

整体设计：
强烈渲染主题

场景 1：

　　木色餐桌散溢出的柔和、温馨感十分浓郁，就算不铺设棉质桌布也不会显得冷硬。大量的白色和金色餐具提升了整体的设计档次，使这次亲友间的聚餐品质感十足。透明玻璃杯的质感与白绿相间的配色，使整个餐桌自然之中透着柔和、清透的感觉。装饰上以烛台为主角，没有其他多余物件，整个餐桌简洁、质朴。

适用场景：利用周末，邀请好友来家中品尝亲手制作的美食，聊聊天、品品酒，联络感情，共度休闲时光。这个餐桌布置简单而不敷衍，作为日常亲友聚会布置，极易上手。

场景 2：

　　基础餐具选用了最直接的白色，圆球边的定位盘将主人对于细节的追求表露无余，加之灰褐色餐垫以及严谨的刀叉摆放，在局部中便可窥见整体餐桌布置的精致品位。此外，将装饰统一放置于餐桌的中线上，创造出的高低差营造了一种跳跃的节奏感。一只姿态优雅的小鹿装饰，两束线条优美的插花，加上若干花瓣装饰，仿佛将餐桌打造成一处神秘森林。

　　适用场景：这个餐桌布置适合亲友小聚的下午茶时光。宾主一起喝杯红茶，品尝女主人亲手烤制的甜品，场景颇具英伦下午茶风范。

场景 3：

　　餐桌上随意斜铺一个条纹桌布，增加层次感。餐具材质选用了木质和陶制，与整体空间营造的质朴氛围相符，色彩上也中规中矩，黑色和褐色都是最不容易出错的配色。整个餐桌布置几乎没有任何装点，但色彩丰富的酒瓶不仅是小型聚会中烘托气氛的帮手，同时也是十分亮眼的装饰。

　　适用场景：这个餐桌布置适合作为餐前的基本摆设，就算菜品还没备齐，朋友间先畅饮几杯，或者吃点水果消解时光，都是很惬意的事情。

场景 4：

在装饰圆形餐桌时，将花束也插制成近似于圆的造型，以保持视觉平衡感。桌花作为此餐桌上的唯一装饰，自然感超强的色彩与颀长姿态，均是无可替代的视觉焦点。餐具用色来源于木质餐桌，色彩的延续感强，视觉舒适度较高。而果汁、水果等的天然色彩则将餐桌空间打造成了十足的氧气空间。

适用场景：适合作为需要照看孩子的女性闺蜜间的小聚会，水果和果汁均健康、营养，对于孩童来说也适合饮用。餐桌上的装饰虽然不多，但色彩靓丽，符合孩子活泼的天性。

适用场景：此
餐桌布置比较接地
气，适合亲人之间日
常走动，边话家常，
边品尝家常饭菜。

场景 5：

　　草编餐垫，无论色彩还是材质均与木质餐桌的匹配
度极高，将质朴的自然感渲染到极致。白色陶瓷与透
明玻璃餐具，在质感上更显清透，丰富了整体餐桌的氛
围。复古的黄铜烛台，与银色刀叉提升了品质感；红色
草莓则成为整个餐桌上最让人心动的一抹亮色，传递出
来自于乡野田间的新鲜味道。

局部设计：
令餐桌更生动

午后招待亲朋好友的小聚，金色花纹餐巾纸被别出心裁地折叠成扇形，再以粉色小花固定，矮脚红酒杯、浅底餐碗，给人一种小巧精致、惹人喜爱的印象。

同色系的餐具互相搭配，橙色花材与烛台搭配，创造出简单却又活跃的主题，让偶尔的小聚餐不会有冷场的感觉。

干净的蓝白色搭配令用餐时光变得减压而舒心，装饰物不在于多而在于别致，一张花边餐纸，一块简单的餐巾即可体现出主人的用心。

选择优雅又能凸显自然风的餐盘，根据餐桌颜色进行布置。将秋天色彩的花材用作点缀，银质餐具则用来提升质感，非常适合举办一场带有季节主题感的聚餐派对。

用草编餐垫打底，带来自然与温暖的气息，蓝白相间的餐具更添清爽感，间或出现的绿植小装饰，让餐桌布置充满生机。

闺蜜间的温馨下午茶

下午茶给人的感觉是轻松、愉悦的，代表了一种放松休闲的气氛，是忙碌生活中短暂的休息时光。同时也非常适合作为闺蜜间增进感情、分享生活小秘密的一个窗口。

下午茶的主色调一般以女性色彩为主，避免使用太沉重或浓郁的颜色，要尽量体现出优雅、明快之感。一般而言，下午茶属于随兴的聚会，桌面不会刻意铺设桌巾，但若使用餐巾，建议以素色为主，避免整个桌面因桌布花样繁多和琳琅满目的小物件而变得杂乱无章。由于下午茶的外围对象较多，如茶壶、咖啡壶、奶盅、糖罐等，因此最好挑选同色系或直接购入一整套同花色的下午茶餐具，保证整体上的一致性。

在装饰小物的选择上，带有蕾丝花边的布艺、装饰瓷器、圈状装饰物以及碎花元素和丝带等均适用，它们可以将富有女人味的特征别出心裁地融入到下午茶的桌面布置之中。

整体设计：
强烈渲染主题

场景 1：

白色蕾丝刺绣桌布为餐桌以及整个空间铺陈出一派浪漫景象：半球状玫瑰花艺作为餐桌设计的视觉着眼点，发挥着重要作用，结合若干个高低错落的瓶中插花，渲染着浪漫主题；餐具用量繁多，统一材质和纹样才能避免杂乱；银色金属材质的咖啡壶、甜品架等物，其光泽度能有效提亮空间；咖啡杯及定位盘上的花纹则与玫瑰花艺形成呼应。虽然餐桌的设计元素较多，但由于其相互之间有着千丝万缕的联系，而形成整体统一感极强的视觉效果。

适用场景：此餐桌布置比较接近真实的英伦下午茶场景，适合钟情于英式下午茶的人群。

场景 2：

    色彩以白色、绿色和粉色为主色，并让色彩与整体环境中的布艺产生关联呼应。其中，白色出现在餐具上，形成明亮之感；粉色表现在花艺之中，而绿色从花艺中的配色延伸到长桌旗，产生层层呼应。花器虽然很大，但是由于玻璃的透明特质，使人完全感受不到压迫感。在灯光的照射下，营造出梦幻般的氛围。

适用场景：场景布置比较简单，但与周围环境形成互融，体现自然感。适合在阳光明媚的春日，与闺蜜一起喝喝茶，同时品尝春日里的新鲜蔬果。

场景 3：

选择考究的骨质瓷茶咖具以及精致的复古黄铜甜品台，将品质感注入到下午茶时光中。金属边黑色大理石托盘与烛台在材质上形成呼应，色彩上有所反差，稳定中不失轻盈。一高一低的两束花艺，以清雅的色调和灵动的姿态渲染出女生聚会的柔和气氛。整体布置呈直线式，但高低错落有序，不显平淡。

适用场景：此场景布置比较高雅、精致，适合职场女性在周末邀约闺蜜品茶畅聊，为一周的紧张工作做个缓解、释放。

场景 4：

　　一般而言，下午茶不用刻意铺上餐巾，可以随意将餐具摆放在餐桌上。这时，选用什么餐具就变得很重要，因为它们会成为视觉焦点。成套的餐盘和马克杯，加上同材质的花器，就能很好地提升下午茶餐桌的质感。餐桌上的装饰品极少，但绿色植物轻易就能将盎然的生机盈满一室。

　　适用场景：简单的下午茶布置，适合闺蜜小聚。不论何时，只要想起对方，就可以邀请闺蜜来家中聊八卦、话家常、谈天说地。

局部设计：
令餐桌更生动

一场以女性为主角的下午茶派对，一定少不了紫色。同色系的茶杯、茶碟与花材有着成熟的韵味，深棕色的点缀，把典雅、高贵凝结在下午的时光之中。

少女的心事不光可以说给闺蜜听，还可以倾诉给餐具与美食。粉色珊瑚绒餐桌、粉色花瓣餐具、粉色甜点，这样柔软的布置可以抚平少女的心结。

下午茶的派对上使用餐盘托架装三明治、烤圆饼、蛋糕等，可以令茶桌不显拥挤，豆绿色的蝴蝶花纹烛台还原了自然感，让下午茶氛围更加轻松悠闲。

明亮又缤纷的餐具，搭配可爱造型的甜点，总是特别可口，随意摘取的鲜花插进花瓶中，再铺上彩色的餐垫，让下午茶派对的气氛明快，还有意外的和谐美感。

品质感与高级感并行的商务晚宴

　　邀请公司的上司或同事来家里做客，商务又不刻板的餐桌布置，是考验主人品味与格调的重要标准之一。在安排座位时，可以两人一组对坐，按照非正式晚宴的标准进行准备。

　　在格调较高的正式晚宴中，一般会选择白色麻布作为桌布和餐巾。但在家中举办的宴会无需太过拘泥，但也要尽量凸显正式感。若主宾为男性，则要注意餐桌风格不要过于女性化，颜色上要避免反差过大，应选择具有质感、稳重的色调，以营造精致、考究的感觉。

　　餐桌装饰物可以选择高级瓷器和精致银器，凸显品质感；餐具选择也应尽量表达出高级感，例如选择带有金边或银边的餐盘以及金银手柄的刀叉等。餐桌花最好将其制作成精致小巧的造型，如半球形、水平形等，不宜选用直立、高大的花艺造型置于餐桌中央，以免造成对谈时的视线阻隔。

手作！ 商务桌花

所需花材

小尤加利果

尤加利叶

非洲菊

红玫瑰

龙柳叶

米果叶

制作步骤

❶ 将花泥浸透，切成适合的形状放置于花器中。选用 3 枝红玫瑰插入花泥的顶部中心和中间两端，同时将龙柳叶和花泥中间两端的红玫瑰插在一起。

❷ 在花泥的前方位置插入火红的非洲菊，左右两侧贴着第一步的定点花材同样插入非洲菊，长度比定点花材略短 5 厘米。花泥的上端倾斜 40° 角插入 2 枝红玫瑰。

❸ 用小尤加利果补充花泥的空隙位置，增加整个作品的观赏性，同时柔化过多红色带来的视觉冲击。

❹ 用尤加利叶、米果叶等叶材填补花泥空隙处，直至填满花泥。绿色叶材的加入与红色花材形成色彩对比，令作品更加具有活力。

操作要点

1. 整个作品中的比例要掌握好，如水平插制的定点花材长度最好为花器的 1.5 倍，花泥顶端的定点花材长度基本与花器的高度一致。

2. 平行桌花为四面观花型，在插制时要保证花型前后、左右的对称性，才能使作品达到均衡、稳定的良好观感。

整体设计：
强烈渲染主题

场景 1：

　　规整的六人位餐具摆放，从餐垫、餐盘、刀叉，再到不同类别的酒杯设置，每一步都经过精心设计。餐桌区域的色彩大面积以黑色和金色为主，以营造商务感，但由于橙色餐巾和绿色花艺的出现，形成了精炼紧凑中又带有跃动感的设计。餐桌中央的花艺造型，为了不妨碍就餐中的交谈和视线，采用了高度较低的设计。

　　适用场景：此餐桌设计的规格较高，例如根据酒品的不同，对应了不同类型的酒杯以及精致的餐巾设置，比较适合宴请贵客。

场景 2:

　　沿餐桌中线对称设置两组花艺小景,玲珑的花材组合为空间注入了几分生动表情。将红酒与醒酒器放置于花艺小景之间,不仅能有效利用空间,还形成视觉上的层次感。沿花艺小景两侧,分别对称摆放三组餐盘,以金色镂空餐垫打底,呼应花艺小景中的色彩,再叠放不同花纹,使色彩相同的餐盘在统一中又不乏变化,其上摆放蓝色缎面餐巾,提升高雅格调。

　　适用场景:此餐桌设计适合举办庆功宴,如为项目达成,升职加薪等举办的聚餐,大家欢聚在一起共同分享主人的喜悦之情。

场景 3:

在白色棉质桌布上叠放同材质的孔雀蓝色桌布，让原本寡淡的设计变得具有趣味性。餐具的材质以白色陶瓷以及透明玻璃为主，与整体空间的清透氛围相吻合。酒杯选用了大中小套杯组合，满足不同酒品的盛放需求。虽然对称摆放的桌花视线高度较高，但由于姿态颀长、色彩清雅，且呈瀑布形态，因此不会显得厚重，反而为餐桌带来了几分灵动与自然。

适用场景：此餐桌设计比较注重营造清透氛围，力求表现出悠闲姿态，适合日常邀约同事在家中小聚，增强彼此之间的信任感。

场景 4：

餐厅大环境的色彩比较亮眼，餐桌色彩则运用得十分低调，从而避免了色彩强烈冲突所带来的紧张感。餐具选择了白色轮廓中带有彩色花纹的款式，既不过于正式，也不显得随意。保持这种微妙的平衡，是选择这场宴会餐桌物品的关键所在。这样的理念同样体现在装饰之中，例如餐巾环比较精致，花艺则直接摆放在餐桌之上，用多变的方式适度淡化商务工作上的强条理性带来的紧迫感。

适用场景：此餐桌设计比较亲切随意，不会显得过于正式，适合随时起意，邀约同事到家中小坐，一起吃一顿饭，缓解工作中的压力。

局部设计：
令餐桌更生动

细细的金边白色餐盘是优雅与精致的代表，树皮纹餐布与玻璃底盘好似一场视觉的魔术，使用餐的氛围也变得自然起来，精美简洁的银质刀具更是将一丝不苟的商务感呈现得淋漓尽致。

大理石纹的金边餐具
演绎出隆重之感，再
加上金色刀叉、皮质
餐垫等具有硬质感的
搭配，使整个餐桌显
得更加正式。

一场商务聚餐也是身份与品位的展示，湖蓝色和金色是整个桌面的主要色彩。精致繁复的餐盘花
纹、简洁大方的金色餐垫以及严谨的摆放布置，都营造出尊贵而隆重的氛围。

高兴就大声笑出来的儿童生日宴

在孩子们的生日派对上，"快乐""活泼"是最基本的元素。可以多运用明亮、朝气、活力的色彩展现出纯真童趣的氛围。在具体布置时，不用担心过多的颜色和花纹会破坏餐桌美感，只要在摆设时让素色单品和花色单品互相错落，就会形成层次，营造出热闹又和谐的氛围。

在餐桌装饰品的布置上，可以在视觉焦点处摆放亮色系花器，随意插上孩子们喜爱并熟知的花材，增加孩子们的交谈互动性；或者多选用彩蛋、兔子以及小鸟等具有童趣的装饰品来抓住孩子们的眼球。

另外，也可以为孩子们的生日宴设定一个主题，例如以某部动画片来切入，装饰物及色彩布置均来源于该动画中的场景；或者以水果工厂、森林俱乐部为主题，只要让孩子们感到有趣，并符合其心理特点的场景，均可作为生日主题出现。

手作！ 生日彩蛋

　　布置儿童的生日餐桌时，可以让孩子们一起动手参与，制作一些餐桌上的小摆设。其中，彩蛋的制作方式简单，且形式十分多样，喜欢画画的小朋友可以在鸡蛋上尽情涂鸦，也可以直接用彩色颜料在鸡蛋进行涂色。

／ 制 作 步 骤 ／

❶ 挑选没有斑点的鸡蛋（容易在鸡蛋上涂抹彩料）。

❷ 拿一根缝衣针在鸡蛋的两端各挑一个小孔，再用牙签伸进去轻轻地搅，或者用嘴对着小洞吹气，令鸡蛋清和鸡蛋黄流出来。

❸ 鸡蛋里的液体流光之后用清水清洗干净。

❹ 用水粉颜料、丙烯颜料，或彩笔直接在鸡蛋上画画；也可以先用砂纸将蛋壳表面打磨光滑后再开始构图。

❺ 为了方便保存，鸡蛋壳上的颜料干了以后，可以涂上一层透明的护甲油以增添光泽度。

整体设计：
强烈渲染主题

场景1:

利用餐具和装饰物的多彩色调来表现儿童生日聚会的欢快气氛。其中餐具材质宜选用环保纸质，方便聚会后的打扫；杯子中的动物和彩球吸管，可以透露出主人细腻又可爱的小心思，同时也令整个餐桌布置更显生动、活泼。红色玻璃饮料瓶的透明感有让人净化心情的魔力，也能轻松成为餐桌上引人注目的视线焦点。

适用场景：此餐桌布置重在利用丰富的色彩来营造欢乐气氛，适用于任意年龄段的儿童生日宴会，与儿童喜爱彩色的心理特征相符。

场景 2：

　　以"西瓜"为生日聚会的主题，主人不仅可以制作西瓜造型的抱枕，还可以利用彩纸制作出逼真的西瓜装饰，搭配一些手作拉球之类的小物，将童趣渗透到每一处细节之中。多边形的绿色餐盘为抗摔的环保 PT 塑料材质，适合儿童使用。餐品则以新鲜果汁和主人亲手制作的甜甜圈为主，以符合孩童的口味，造型上也与整体桌面装饰相宜。

　　适用场景：此生日聚会比较适合低龄儿童，多样的装饰造型可以引起孩童的兴趣。餐桌上的装饰物，也可以作为餐后小礼物送给来参加聚会的小朋友。

场景3:

　　以素色棉麻材质的桌布打底,搭配色彩鲜艳且多样的餐具,营造活泼印象的同时,又不会显得杂乱。带有毛线编织小物的餐巾,能成功引起就餐者的注意力,可爱且与众不同。餐桌中线上的彩色蜡烛以及灵动的毛线装饰,其色彩来源于餐具,而随意摆放的形式,打破了餐盘形成的对称布局,令视线所到之处均充满趣味。

适用场景：此餐桌布置充满日常的温馨，毛线织物还可以成功引起孩童的兴趣。家长可以引导孩子们进行手工制作。适合学龄中的儿童。

场景 4：

　　将餐桌靠墙摆放，且用大量的棕色和绿色塑造出带有森林韵味的甜品桌。运用棕色麻布叠加绿色植绒布作为桌布，可形成类似草坪的观感；再用仿树桩的原木搭建出甜品台，结合动物翻糖蛋糕，仿佛邀请丛林中的小动物共同参加了一场生日聚会。墙面布置同样十分吸睛，大量的气球和装饰，成为空间环境中传递快乐的重要一环。

　　适用场景：若邀请的参加生日聚会的小朋友较多，额外设置一处甜品台十分必要。孩子们可以在此边吃甜品，边根据场景创作小故事，增加彼此间的交流。

场景 5：

明亮的高纯度浅黄色桌布，让人眼前一亮，再叠加一块天蓝色长桌旗，互补配色的设计，成功聚焦了视线。餐具色彩同样十分鲜亮，让人联想到"人间四月天"。木色甜品台则是整个餐桌中比较沉稳的配色，起到稳定重心的作用。此外，餐桌所在的墙面以及顶面均运用了色彩比较鲜艳的装饰，让整个餐桌环境仿若被彩虹环绕。

适用场景：此餐桌布置虽然选用的色彩较多，但由于色调多为浅色，柔和感较强，比较适合作为小女孩的生日餐桌。

局部设计：
令餐桌更生动

上　在略显冷硬现代风的餐桌中，可爱的小饰品增加了一丝温馨，原本普通的餐桌立刻变身成童趣十足的生日聚会餐桌。

下　餐桌上的每一处风景都紧扣着玫红色、绿色的活泼主色调，让整张餐桌显得十分有生气，再搭配清爽的玻璃餐杯、纯白餐盘以及可爱俏皮的花材，和谐的色调让人眼里看着明亮耀眼，心中也感到活力四射。

上　以粉色及草绿色为主色，明亮的浅调凸显年轻朝气，生日的欢乐与惊喜都藏在被粉色方格布包裹的彩蛋里。

中　五彩缤纷的糖果和蛋糕是生日餐桌上必不可少的元素，用同样五彩的餐具和餐桌布，构成缤纷的华丽整体，生日的欢乐与甜蜜就浸泡在这些耀眼的五颜六色中。

下　把无忧无虑的乡村生活缩影搬上生日餐桌，碎花的桌布、陶瓷的餐具、铁艺的装饰和动物小摆件都是乡村主题餐桌的重要元素，搭配在一起让人仿佛置身乡村之中。

一家团圆的年夜饭

春节是中国人最重视的节日，而一家团圆的年夜饭，更是让人感受温暖与情谊的心灵港湾。但在中国的传统家庭中，很少留意到春节的餐桌布置，往往只会用丰盛的鱼肉大餐，来表达年味儿。虽说飘香的餐桌，同样能牵动心弦上的愉悦神经，但若再加入富有美感的餐桌布置，则能让年味儿表现得更隆重一些。

中国人喜欢的喜庆气氛，实际上在餐桌上非常容易展现。只要选择一张漂亮的红色桌布，再加入在颜色、形状、花样、材质等某一方面具有传统中国元素的小物件，你家的年夜饭，就会更温馨、快乐又有质感。或者还可以利用正月里的花卉来丰富餐桌"表情"，如较常见的松竹梅，或者极乐鸟、兰花、银芽柳等都是很好的选择，极具人气。

另外，金色也是很有节庆气息的颜色，对中国人而言，还有财运的象征。在年夜饭的餐桌上，不妨以讨喜而高贵的烫金餐具作为主角，搭配同色系的桌布和餐巾，象征金玉满堂，还可以讨个好彩头。

整体设计：
强烈渲染主题

场景 1：

春节餐桌布置没有采用大量红色来营造喜庆气息，但在装饰细节上却尽显中式韵味。沿餐桌中线设置的长桌花为空间带来生机，寓意着新年新气象。摆放在桌花之间的葫芦瓶，装饰之余还表述着祝福。餐盘旁的中国结搭配贺卡，共同将新春的喜悦气息蔓延到每一个用餐者的心中。

适用场景：此餐桌布置适合几代同堂的大家庭欢聚，或者长者聚会。装饰上用中式宝瓶为老人祈福，配色上清雅又不失活力，对任何年龄段的家庭成员均十分友好。

场景 2：

　　桌布、餐盘、筷子均用了青花瓷中的蓝白色，干净的色彩让用餐时光变得更加轻松，而各种缠枝花纹不仅营造出视觉上的活泼感，更是表达出浓郁的中式情结。餐桌中线的视觉装饰十分有趣，以红色公鸡为核心，加入橙子、李子、兰花以及好运硬币巧克力来做装点，既满足了视觉观赏性，又不乏美味享用。同时，这些小物件都表达着美好的寓意，如橙子的"心想事成"、李子的"繁荣昌盛"、兰花的"万事如意"等。

适用场景：餐桌的配色比较年轻化，装饰也具有新意，这样的餐桌布置比较适合成年子女与父母共度新春佳节。

场景 3：

　　红色与金色在中国文化中是财富和好运的象征，将这两种色彩搭配在一起，非常契合春节餐桌的主题，也带来了浓郁的喜庆气息。红色桌花高低错落，使整个餐桌显得十分生动，而这份生动同时延续到了筷子的花艺装饰中。金边餐盘、红白相间的骨瓷茶杯、花开富贵的红包，都将中式新年的气息渲染到极致；寓意"多子多福"的石榴和橘子更是让这张餐桌有了一份令人心中柔软的期待。

适用场景：此餐桌布置适合新婚夫妇与家人的团聚，同时水果装饰的选用体现出全家人对于新生命到来的期许。

场景 4：

　　在白色桌布上放置红色餐垫以及红白相间的餐具，从色彩上将年味儿提炼出来。餐桌上的装饰物不多，蓬勃的花艺展现出热闹、欣欣向荣的新年气息，让用餐者的心情也随之变得欢喜起来。多样化的餐具不仅能够满足用餐需要，精美的纹样则也成为美化餐桌布置的神来之笔。

　　适用场景：此餐桌布置适合成员不多且家居布置比较西式的家庭。

场景 5：

带有中式纹样的红色桌旗非常抢眼，搭配同系列的餐垫，两者之间相互辉映，将中国的"年味儿"渲染到极致。再加上青花瓷茶具，更添风雅韵味。考虑到会有一道道的中式点心排列摆放在餐桌的中线位置，所以餐桌花移置到不碍事的餐桌边缘处。一枝暖黄色的腊梅，既提亮了空间，暖暖的色调同时又展现出和睦、悠闲的家庭聚会氛围。

适用场景：利用传统的皇家色彩红、黄、蓝作为餐桌布置的主要配色，体现出浓浓的中国风，因此这样的餐桌布置适用于任何一个中国家庭。

适用场景：此餐桌布置适合作为大多数中国家庭的年夜饭场景，布置起来非常简单，仅需要添置一套充满中国风的餐具即可。

场景6：

六边形的餐盘在形状上别具一格，给人带来眼前一亮的感觉。餐盘中富有大量的中国元素，更加容易演绎出中国风的效果。若再铺上一块充满中国味儿的红色桌布，在不同材质和色调的红之间，创造出层次感，则是非常高明的餐桌布置手法。其间出现的木质托盘和餐勺，既丰富了餐具间的搭配层次，也令整体配色变得更加柔和。

局部设计：
令餐桌更生动

一袭精美刺绣的桌旗提升了新年餐桌的格调，十二生肖的大餐盘不仅可以完成食物的盛放任务，还是很好的装饰。而柿子、桂圆等水果的运用，则体现出家人美好的期许。

大红色的餐桌布一出现就令餐桌有了过年的
气氛，简单的白色餐盘和银质餐具让餐桌氛
围能稍微冷静下来，点燃一个白色烛台，节
日的温馨感如装饰的红浆果一般，动人可爱。

过年的餐桌不仅要有红色，为了避免老
套和落俗，带有可爱寓意图案的红色餐
盘是更能营造过年氛围的选择，纯红色
底盘叠加花纹餐盘，不会太单调也不会
太复杂。

朴实的木质餐桌上，没有什么过多
的餐具装饰，只有朴素的果盘和几
个小茶杯，但年味却从不知不觉中
散发出来，这是记忆中的年味儿。

浪漫情人节的烛光晚餐

西方的情人节是一个浪漫而甜蜜的节日，这一天也是令爱人间亲密关系更进一步的好时机。不妨利用一方餐桌，提升家居空间的温馨基调，令节日气氛更加浓郁。

情人节的烛光晚餐，需要营造优雅、浪漫的环境。在色彩上，白色、粉色、红色都能表达出爱意，因此以这三种颜色为主的餐桌布置最契合情人节的氛围。其中，白色是幸福和纯洁的象征，代表爱情的纯洁和婚姻的贞洁；粉色代表可爱、浪漫，是富有幻想的色彩，通常小女人会喜欢用粉色营造出"童话"餐桌；红色代表热情奔放，不仅能体现出主人热情、大胆的个性，更能展现生机勃勃的朝气。

在餐桌装饰图案的选择上，传递心意的玫瑰花和心形图案，带有"爱"、"LOVE"等字眼的物品都能很好地表现情人节的浪漫气氛；而烛台、红酒、浪漫的水晶饰品也是必不可少的装饰物。另外，由于情人节是一个带有浪漫及温馨感的节日，因此应多采用一些圆润线条的饰物，避免尖锐、生硬的线条破坏家居中的和谐氛围。

鲜花礼盒

所需花材

———— 尤加利叶

———— 千日红

———— 火龙珠

———— 红玫瑰

操作要点

在插制圆形花盒时，可以将花盒分为九宫格的形式（也可以更多），每一个格子里插入同类型花材，使作品既有层次感，又不会显得凌乱，同时方便制作者快速完成作品。

制作步骤

❶ 准备好花剪、玻璃纸、花泥等工具，同时准备一个红色圆形花盒。

❷ 用玻璃纸垫在花盒底部，将花泥切割成适合的形状放入。剪掉玻璃纸边缘，使之低于花盒 5 厘米，加水浸入花泥，直至花泥全部吸收。

❸ 将红玫瑰、千日红、尤加利叶等花材以混合形式插入花泥，并保持高度不高于花盒边缘，直到填满花盒为止。

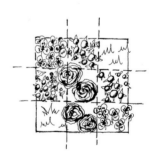

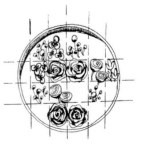

整体设计：
强烈渲染主题

场景 1：

置于餐桌中线上的红色桌旗十分抢眼，成功地打造出一个热情洋溢的情人节。其间散落的粉色玫瑰与香薰蜡烛则将情节人的浓情蜜意表露无遗。为了避免过多热烈色彩带来的紧迫感，餐盘和刀叉等物选用了最简洁的色彩及款式。面对面摆放的形式，则有助于两人进行眼神的交流，与情话绵绵的传递。

适用场景：利用热烈的红与烂漫的粉，再结合纯净的白作为餐桌主色，既保持了色彩上的呼应，又明暗有致。装饰小景也十分精致，这样的餐桌布置适合对于仪式感要求较高的情侣。

场景 2：

　　餐椅色彩比较浓艳，因此将无色系的黑白两色均分到餐桌布置的主色调之中，往往能形成视觉反差，凸显独立区域。餐桌布置在装饰上十分用心，餐桌边缘处摆放的花艺形成视觉高度，娇艳欲滴的玫瑰彰显着浓烈情谊。散落摆放的红色花烛在色彩上与花艺形成呼应，更添甜蜜味道。桌腿处摆放的铁艺小装饰搭配串灯在凸显小心思的同时，也丰富了整体餐桌的层次。

适用场景：甜蜜的爱情体现在每一处小细节之中，就像此餐桌布置，运用了大量的温馨小物进行装点。这样的餐桌布置适合用心爱着的甜蜜情侣。

场景 3：

在情人节的餐桌布置中，粉色最为讨喜，散溢出无尽的浪漫与温柔。餐桌中的装饰，利用不同的粉色进行铺陈，从桃粉色的花艺、烛台，到浅粉色的刀叉装饰，色彩层次的延展与变化，味道十足。另外，高低不同的烛台制造出层次感，再加上蕾丝、玻璃、铜等材质的装饰品，打造出很有情调的烛光晚餐餐桌。

适用场景：此餐桌布置浪漫气息十足，大量的蜡烛装饰营造出梦幻氛围，适合内心柔软、情感丰富，且始终保有少女初心的女主人。

局部设计：
令餐桌更生动

上 餐布与餐具用细红绳扎起，
  插上一枝小小的玫瑰，把爱
  情也捆绑在这餐桌之上。白
  色浮纹餐盘就像绽开的玫瑰
  花，令主人在享受美食的同
  时也享受着爱情。

下 玫瑰、餐具、烛盏，简单的
  布置就是最浪漫的告白。爱
  意的传达无需花哨布置，而
  在于心意相通。

用灯光装饰情人节的晚餐是最棒不过的选择，橙黄色的灯光下，即使材质清冷的餐具也变得温馨起来，一切似乎都变得柔和起来，就像爱人的低语一般让人心生暖意。

带着古典花纹的方盘，似乎就是遥远而坚定的爱情象征，玫瑰花代替餐巾环，所有的浪漫与爱意都在这细节之中。

用紫色来装点情人节的晚餐一点也不奇怪，优雅成熟的紫色餐垫和紫色玻璃餐杯，搭配白色花边餐盘，处处都蕴含着小女人的温柔和细腻。

哥特风十足的万圣节派对

新异好玩的万圣节是孩子们的狂欢日。在这样一个诡谲的节日，餐桌布置也应该传多一些搞怪与花样，但要适可而止，只做局部点缀即可，毕竟整体的家居环境还是要以温情为主。

万圣节的餐桌主题色非常明确，深邃的黑色、活泼张扬的橙色以及冷艳、神秘的紫色是这个节日的主色调。这些色彩可以从餐桌布、座椅靠枕、餐盘色彩、桌面装饰等多方面入手搭配、组合。

万圣节餐桌上的常见装饰元素包括蜘蛛、蝙蝠、女巫的扫帚、城堡、黑猫等，这些元素可以通过布艺的图案形式出现，也可以作为小型装饰物，用以活跃餐桌氛围。另外，南瓜作为万圣节的经典饰品，在餐桌上的出现率可谓相当高，通常结合烛台营造万圣节气氛。在餐具的选择上，没有光泽的亚光材质比较适宜，更接近哥特式古旧的感觉。

手作！ 万圣节南瓜灯

在西方，每当万圣节到来，孩子们都会迫不及待地穿上五颜六色的化妆服，戴上千奇百怪的面具，提着一盏"南瓜灯"走街串巷，向大人们索要节日的礼物。南瓜灯也叫"杰克灯"，是万圣节最受欢迎的物品之一。其外形十分多样，做法也极为简单，作为营造餐桌氛围的小装饰同样十分适用。

制作步骤

❶ 选择一个形态比较周正的南瓜，表面较好的一面做正面，用油笔将想好的鬼脸图案画上去。南瓜的表情可以自行设计，不拘一格。

❷ 在南瓜的背面挖个洞，洞不能太小，再用勺子把南瓜内部的粘连和南瓜籽都刮干净，方便后期放置蜡烛。

❸ 按照事先画好的图案雕刻南瓜。由于南瓜表面比较厚实，雕刻时要选择比较锋利的刀具，同时应保持一定的力度。

❹ 雕刻完成，就算不放蜡烛，在白天也可以作为摆设。

❺ 晚上点上蜡烛，可以营造出十足的万圣节氛围。

整体设计：
强烈渲染主题

场景 1：

在餐桌中线位置设置一块带有落叶图案的桌旗，其上摆放南瓜、烛台、稻草人等装饰，众多万圣节元素的叠加运用，能够凸显浓郁的节日氛围。餐垫选择了蓝色、褐色、灰色交织组合的纹样，其中面积较多的蓝色与深暖色系的南瓜等物形成色彩对比，同时在色彩搭配上有目的地进行多色调组合，营造出欢快的印象。

　　适用场景：此餐桌场景布置得温馨感较强，采用的装饰物童趣盎然。这样的布置不仅可以作为万圣节餐桌之用，幼童的生日宴餐桌也可以参考。

场景2：

在黑色丝绒桌布上叠加蜘蛛网状的紫色桌旗，使万圣节神秘、诡谲的气息呼之欲出。南瓜灯、骷髅头蜡烛、蜘蛛装饰以及鬼怪形态的甜品，将惊悚的哥特风营造得十分浓郁。再用棉线仿制出蜘蛛网，逼真地还原了一处散溢着令人既心生恐惧，又非常向往的魔幻世界。

适用场景：此餐桌布置为了凸显节日氛围，利用了大量的哥特风元素营造出一种紧张感，比较适合心理相对成熟一些的学龄中孩童，年龄较小的幼童不太适用。

场景 3：

黑色桌布结合白色棉线仿制的蛛网，奠定了万圣节餐桌的主题。餐具布置采用相同元素重复布置的手法，创造出使人深刻的印象。餐桌中线上的白色蜡烛"爬"上几只蜘蛛，再结合骷髅小装饰，与餐边柜上的墓碑、墙面的蜘蛛均有所呼应，令空间的整体设计感更强。刀叉上的红色丝带与餐边柜摆放的红色玫瑰在色彩上提亮了空间，也更显浓郁、诡谲的节日氛围。

适用场景：此餐桌布置仅用少量的万圣节元素就营造出节日氛围，色彩的搭配也比较克制。小朋友们可以在此尽情地体会食物带来的愉悦。

局部设计：
令餐桌更生动

上　位置盘、餐巾和花卉均选用橙色，吻合万圣节的主题色彩。带有波点的盘子、食具以及黑猫装饰卡片则体现出一种童趣。

下　珠串餐垫非常独特，十分适合用来打造诡奇风格的万圣节餐桌。南瓜造型的餐巾环是整个布置的亮点，直接点明了餐桌的主题。

黑色桌布、橙色餐垫、紫红色餐巾是万圣节派对最重要的三种色彩，用餐巾包裹着餐具，以同色系橙色的花卉和代表万圣节的南瓜装饰，把节日的氛围全部带到餐桌上来。

黑色餐盘和餐具非常具有个性，诡异中带有万圣节的阴森感，红色餐巾和复古感十足的餐巾环，平衡了过于阴森的氛围，增加了几分热闹的进餐氛围。

餐盘上的蜘蛛装饰和桌上的南瓜灯，将万圣节的氛围渲染得淋漓尽致，其中，橙色餐巾是展现万圣节色彩最突出的标志。

用色彩惊艳你的圣诞餐桌

　　圣诞节是西方节日，类似于中国的春节，充满喜气、祥和的气息，也备受中国家庭的喜爱。很多家庭会为家中的孩童准备礼物，而追求品质的年轻人则会邀请三五好友在家里开圣诞聚会趴，或仅仅为自己找个过节的借口，准备好精致的餐食，布置一个风情满溢的圣诞餐桌，让生活就这样变得生动起来。

　　布置圣诞餐桌可以先从色彩入手，西方人以红、绿、白三色为圣诞色。圣诞节来临时家家户户都要用圣诞色来装饰。红色的有圣诞花和圣诞蜡烛，绿色的则是圣诞树，它是圣诞节的主要装饰品。除了这三个圣诞色外，金色、银色、白色、黄色也发展为圣诞装饰常用的颜色。

　　另外，圣诞节是体现欢乐的节日，同时也充满童趣。不妨将圣诞老人、驯鹿、拐棍等充满卡通乐趣的圣诞特有元素运用在餐桌布置之中，更能彰显节日气氛。

/ 制 作 步 骤 /

❶ 花泥浸透，烛台放在花泥正中间，用力下按，直至出现一个圆形。拿开烛台，用小刀沿着印记掏出一个深至花泥 1/2 的圆形。

❷ 修剪所有需要用到的花材，将玫瑰用花剪斜切，保证可以充分吸取花泥中的水分，延长花期。

❸ 在花泥的对角线处以 2:1 的比例分别插入玫瑰和火龙珠，长方形花泥的短边处以 1:1 的比例插入小米果叶，保证作品的均衡感。

❹ 用玫瑰定中点，并以 2:1 的比例插入花泥上方，同时用尤加利果和尤加利叶丰富作品的层次。

手作!

圣诞花烛

所需花材

尤加利果

千日红

火龙珠

红玫瑰

尤加利叶

小米果叶

❺ 将两枝稍大的玫瑰以 2:1 的比例插入宽两侧位于第一步叶材上方，再用其余花材、叶材均匀填空，遮挡花泥。

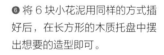

❻ 将 6 块小花泥用同样的方式插好后，在长方形的木质托盘中摆出想要的造型即可。

整体设计：
强烈渲染主题

场景 1：

从餐垫到餐盘中的用具，做了六组不同的设计，每一组都体现着独特的精致。为了避免多样设计造成整体的割裂，首先统一了餐具和装饰的材质，用陶瓷和黄铜将品质感提升到一定高度，再利用南天竹结合铃铛、布艺手作等形成横向装饰小景，将原本分散的六组餐盘做了有效串联。

适用场景：复古色调结合大量黄铜装饰小物，形成高格调的餐桌布置，适合有着同样审美的好友，边拍美照，边度过一个欢快的圣诞之夜。

场景 2：

用白色桌巾打底，再铺设红色带星星图案的宽桌旗，令圣诞餐桌"底妆"丰富而具有层次感。餐桌居中摆放的甜品台定位视线高度，令整体餐桌布置高低错落，形成了生动的视觉跳跃。在其中摆放松果、礼品盒等小装饰，渲染节日氛围。餐盘、玻璃杯等装饰为红、白色系，打造出经典的圣诞节配色，其间点缀的绿色，则为整个餐桌增添了生机。

适用场景：餐桌整体布置比较生动，餐具、装饰多玲珑、小巧，比较适合年轻女性作为增进友谊的欢乐小聚会。

场景 3：

　　将一方带流苏的白色桌旗铺陈在木质餐桌中央，定位出餐具、装饰等物的摆设区域。由于用餐人数较少，仅在桌旗两端摆放白色釉面餐盘，再放置同色系的造型餐巾，布置简洁却不落俗套。餐桌上的装饰以松树、松果为主，再结合高低错落的绿色烛台，营造出满满的圣诞气息。而在玻璃瓶中放置串灯的小型手工作品，则体现出温情无限的味道。

适用场景：餐桌装饰选用了最具圣诞节气息的元素，大体对称的布局形成了很好的视觉观感。这样的圣诞餐桌适合情侣或夫妻悠闲地享受圣诞之夜。

场景 4：

　　餐桌布置选用了白、红、绿这三种经典的圣诞色，再加入不同色调的褐色系，提升了整体布置的休闲气息。定位盘、餐盘、餐巾环的图案及色彩，均与圣诞主题有所呼应，自然的质感则同步到装饰小物之中。点燃不同形态的香薰蜡烛，闪耀的光线反射在布置好的透明酒杯上，营造出圣诞夜闪闪发光的餐桌。

适用场景：此餐桌布置虽然装饰物较多，但材质选用大多体现自然之感，营造出浓郁的生活气息。无论孩童相聚玩乐，还是成人把酒言欢，均能体会到圣诞之夜的乐趣。

局部设计:
令餐桌更生动

在甜品瓶的瓶口处用松枝、做旧的铃铛以及牛皮纸绳完成一个小装饰,所选搭配元素将节日气息渲染到极致,也在细节处体现着主人的小心思。

上 将圣诞老人的衣服简化成一个餐巾环，包裹着复古的刀叉，再配以花边餐巾，创意十足。间或搭配的树枝和雪人等物，渲染出一个带有"故事"的圣诞餐桌布置。

中 用精巧的圣诞帽子盛装刀叉，与餐桌上的其他装饰物形成呼应，体现出的欢快与俏皮，令圣诞气息又浓郁了几分。

下 白色雕花定位盘结合灰色餐盘，为餐桌平添了几分高级感。拐杖糖既是装饰，又可食用，给人带来惊喜。

春日里的一桌鲜翠

春天是一个充满生机的季节，餐桌布置同样应凸显春意盎然的感觉。可以在春光烂漫的午后，装饰一个明媚的餐桌，等待一场阳光下的相聚。

春日餐桌的基本色并非醒目的色调，而应以绿色、黄色、大地色系为代表，温和、恬静的配色是其关键所在。可以尝试明黄色＋白色＋大地色点缀，或者白色＋芥末绿＋大地色点缀等搭配，这样的配色既温暖，又不失自然清新。此外，珍珠色、奶油色、珊瑚色等在大自然中较常见到的色彩也越来越多地成为春季餐桌上的潮流色彩。

装饰图案上，抽象的花卉图案，带有甜美气息的小碎花，童趣盎然的波点形图案，都能给人们带来春日里大地复苏的美好感觉，是春日餐桌上的常用图案。而在具体装饰布置时，可以在瓷器及玻璃杯等清透的硬质物中，放入叶片等植物性饰品，再加入皮革、毛皮、藤筐等自然材质的装饰物品，共同提升餐桌的整体效果。

整体设计：
强烈渲染主题

适用场景：此场景的配色和餐具材质均是十分经典的春日餐桌选择，其间的装饰花艺换成绿植盆栽也不违和，灵活的布置可供大多数家庭参考。

场景1：

大面积的翠绿色桌布铺陈出一派丛林的清新，纯棉材质的装饰则在视觉上给人带来自然的质朴感。大量白瓷餐具，以及透明酒杯的选择，营造出干净的印象，给人以清新之感，食欲也随之增了几分。木质托盘体量不大，但其色彩和材质均为整个餐桌布置的自然主题添上了不可或缺的一笔。

场景 2：

平行式餐桌花艺将春日蓬勃的生命力注入整个餐桌设计之中，但由于体量较大，为了不影响单边用餐的设置，将其摆放在餐桌一侧为宜。除了桌花，餐桌布、餐盘均为白色，而酒杯、果汁杯的材质则为透明玻璃，因此即使餐食的色彩十分丰富，也丝毫不会影响整体餐桌对于春日清新主题的表达。

适用场景：此餐桌布置适合在春日的周末，邀请三五好友来家中品尝新鲜果蔬，喝一杯鲜榨果汁，尽情享用来自于大自然的馈赠。

场景 3：

干净的白与鲜翠的绿，是最适合春日餐桌的配色，就算整个餐桌仅用这两种颜色进行搭配，只要比例适宜，穿插有度，也能将餐桌布置得令人心旷神怡。如本案例中将绿色和白色交互使用在餐盘、装饰之中，你中有我，我中有你，既清新又灵动。再加入活泼的兔子装饰，将春日轻松、欢快的氛围调动到极致。

适用场景：此场景布置比较清雅，将色彩简化到了最大限度，却将春日的纯粹加以凸显，适合年轻女性之间的日常小聚会。

局部设计:
令餐桌更生动

上　想在春天的气息里优雅
　　地进餐，那就把春天的
　　花装在盘子里、茶具里。
　　在玻璃花瓶里插入鲜花，
　　给视觉和嗅觉都带来春
　　天般明媚的感觉。

中　餐桌上明亮的黄色和绿色
　　花卉灿烂美丽，波点图
　　案的餐巾和玻璃杯让人
　　心情也亮堂起来。装饰
　　在餐盘里新鲜可爱的礼
　　物蛋，仿佛一下子将人
　　带入了有视觉和味觉双
　　重感受的春天。

上　摘取春日的桃花随意地摆放在餐盘
　　上，再铺上白色波点的粉色餐垫，
　　紫色格纹丝带充当餐巾环的角色，
　　让人打开餐具时会有打开礼物般的
　　喜悦感。

中　利用绿色和白色，打造一个清新愉快
　　的春日餐桌。在方格纹餐布上加上
　　白色花边餐盘和复古色的银质餐具，
　　有枯木逢春的重生感。

下　春日餐桌的布置上，色彩要轻盈简
　　单，餐桌保持桌面的本色或只用一
　　块白色的桌布就很好。盘子的色彩
　　和花材呼应，采用了同样轻柔的自
　　然色。此般搭配怎么看也不显杂乱。

盛夏时节的清凉餐桌

在持续酷热的盛夏时节，能有一方清凉感的餐桌设计，将会令人心旷神怡。最简单的方法是通过色彩搭配来营造清秀、脱俗、雅致的餐桌形象。夏日餐桌常以绿色系、蓝色系以及白色为中心进行配色，也可以通过浅色调同类色的组合，带给人素净、整洁的印象。

餐桌的桌布质地可选择随风飘动的玻璃纱，能给空间带来灵动、飘逸的效果，同时增加室内的清凉感。在餐具和花器的材质选择上，应尽量多地使用玻璃器具，而餐桌花可以选用白色、淡蓝色等色彩轻快的花材，给人以水灵、鲜嫩、清透的印象。花型应布置得较松散，展现出空灵的清透、凉爽感。在整体餐桌设计中，可以有一些似乎令人略感欠缺的留白，使整个餐桌更显精炼。

餐桌的装饰图案以多姿多彩的动物图案、五彩缤纷的花卉图案、不规则形状的几何色块、海洋元素图案为主，可以让夏日餐桌回归到最自然、原始的快乐之中。

整体设计：
强烈渲染主题

场景 1：

　　在白色系的吧台上铺设蓝白相间的棉质餐垫，打造清爽、干净的视觉效果。灰色调陶瓷餐具与银色金属餐勺，在材质上形成对比，但简化了色彩，与餐垫进行了很好的融合，却又层次分明。透明玻璃花器中的龟背竹与玫瑰，使整个吧台更显清雅韵味，同时也提供了新鲜的自然气息。

　　适用场景：此场景布置的空间留白较多，在装饰物的选择与布置上发挥余地较大，但整体上适宜用体现清爽感的植物与色调来渲染夏日的清凉，是一款比较常规的家庭餐桌布置。

场景 2：

　　将创意十足的拟人态花瓶与高低错落的烛台摆放在餐桌一侧，在入眼的瞬间，令人怦然心动。花瓶中松散地插制了几支绣球，慵懒的姿态为用餐时光带来绵长的放松与惬意；粉蓝相间的色彩来源于墙面与家具，具有女性的柔美。透明与彩色的玻璃酒具呈"一"字型排开，既保有清透感，又带着些许时尚韵味，而反射着金属光泽的果盘，则彰显出现代工艺美学的质感。

适用场景：时尚又带有女性柔美感的餐桌布置，适合举办一场闺蜜之间的小聚会。大量玻璃材质的器皿，则可以将夏日的清凉感注入每一个人的心中。

场景 3:

当清透的蓝邂逅近纯雅的白,一场有关夏日的清爽之旅就此展开。餐桌上,无论布艺、器具,还是装饰,其色彩均以蓝白两色为主,再穿插一些灰棕色进行过渡,让整体配色更显柔和。在透气感十足的棉质桌旗和餐垫上,摆放冰蓝色的酒瓶、白色的碗盘,再配上清澈、透明的玻璃花器,并最大限度地简化花材,营造出的穿透感让餐桌盛满一夏的清凉。

适用场景:此餐桌布置的装饰物较少,布置起来比较简单,作为家庭中的日常夏日休闲餐桌,十分适宜,如邀请几位朋友在此小聚品酒,必将是一段美好的时光。

场景 4:

餐桌上通透感十足的蓝色素雅餐盘与质朴的木质托盘,再加上透明的玻璃器皿,使人不由联想到夏日的清凉午后。桌布选用白色,上面铺着细长的黑白条纹桌旗,再用灰色波点、黄色折纹餐巾来活跃氛围,传达美好生活品质的同时,更带来温润触感。其间灵动的兔子、彩蛋装饰以及色彩鲜艳的花艺,点缀在柔软的面点之间,让用餐心情随之变得轻舞飞扬。

适用场景:灵动、舒适的餐桌在一定程度上可以缓解夏季所带来的燥热之感。此餐桌布置充满童趣,氛围十分轻松,适合在周末来一场朋友小聚,或者为家中的小朋友办一个小聚会。

局部设计：
令餐桌更生动

上 蓝色是最能代表清凉的色彩，与白色搭配散发出沁人心脾的清新味道，再以小贝壳装饰，仿佛把清凉的大海带到了餐桌上。

下 轻薄透气的棉麻餐巾、触感冰凉的玻璃餐具，都充满了夏日的清凉感。为了避免颜色过于单调，采用了不同明度的蓝色来进行色彩上的调剂。

冰爽清凉的饮品是夏日餐桌的最爱，只用造型最简单的玻璃杯，重点放在杯垫与餐布上，就能从细节之处散发出阵阵凉爽的夏日气息。

蓝白条纹棉麻餐巾为夏日餐桌注入清爽感与透气感，拉菲草绳与秀气的小花作为餐巾环在灵动中透出自然韵味，搭配海星装饰，给人以神清气爽、心旷神怡的氛围。

质感粗糙松散的棉麻餐桌布上，放着白色餐盘和餐巾布，利用透气的材质以及干净的配色为夏日餐桌带来清凉感。此外，银色餐具以及灰白色系的小装饰，均与整体氛围相宜。

在餐桌上享用金秋果实的喜悦

　　秋天是丰收的季节，天气也开始渐渐转凉，夏天清爽的色彩和材质开始不再适合秋季的餐桌布置。色调温馨且稍显厚重的材质能够令餐桌升温，营造出温暖的氛围是秋季餐桌搭配的关键所在。

　　为了让餐桌布置看起来温暖、柔和，可以选择一些暖色系配色，但是色彩不要过于亮丽，应在选择的颜色当中适当添加一些灰色的基调，搭配起来会更加和谐，像棕色、米色、酒红色、墨绿色等可以滤去秋日的浮躁，让餐桌充满雍容大气之感。

　　在餐具的选择上，亚光的釉面碗盘可以凸显秋日餐桌的沉稳，再搭配质地厚实的桌布，可以将秋风带来的萧瑟一扫而光。另外，可以利用秋日丰收的果实或麦穗作为餐桌装饰，来彰显丰收的喜悦之感；也可以通过色彩沉稳的红色、橙色花艺搭配秋日果实，来营造出稳重、温暖的餐桌设计。

整体设计:
强烈渲染主题

场景 1：

棕色餐桌本身带来了良好的视觉温度，再铺设一条米黄色长桌旗，深浅搭配的色彩更具层次。沿桌旗摆放高低错落的花艺和装饰物，灵动飘逸的姿态，野趣十足，仿佛刚从庭院采撷而来。几个暖色的南瓜既呼应了整体色彩，又将秋日丰收的愉悦倾泻而出，并将这种情感延续到餐巾色彩及向日葵餐巾环之中。

适用场景：这是一个极具乡野气息的餐桌布置，将浓浓秋意渲染到极致。在秋日的某个黄昏，一家人坐下来感受团圆的喜悦，分享精心准备的美食，感受生活中触手可及的温情。

场景 2：

利用秋季干枯的枝叶编织成的直线式桌花，既能体现季节性，又具有一种野趣。餐桌上的小鸟、布偶等装饰，为质朴的秋日餐桌带来场景感和趣味性。平行竖放的桌旗，打破了规整的视线习惯，为餐桌带来更加灵活的色彩交织。黄色餐巾的色彩则提亮了整个餐桌，更显明媚的同时，也与餐桌一角的装饰小景形成了色彩上的共鸣。

适用场景：此餐桌布置充溢着无限的乐趣与童趣，观之心情无比放松与柔软。在秋日悠闲的午后，邀约情投意合的好友，共同享受生活中唾手可得的"小确幸"时光。

场景 3：

在色彩干净的木质餐桌上，通过多色相的餐盘配色营造轻松而充满活力的秋日餐桌氛围。餐桌中间摆放木质圆餐垫，再装饰香薰蜡烛、蔬菜、花朵、树枝等物，创造出极富新意的桌景。桌面上鲜艳的餐盘与餐具叠加出的妙趣横生的"餐前美景"。这个餐桌中活泼的元素与布置手法令整个餐桌的表情更加生动。

适用场景：多样化的色彩配置与大量蔬果装饰，令餐桌在体现秋日丰收的同时，又活力十足。这样仿若美景一般的餐桌布置，让每一餐都充满着幸福感。

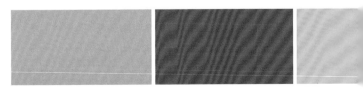

局部设计：
令餐桌更生动

上 深沉的棕色餐桌是大地的色彩，白色织花餐垫精致而美丽，银餐环将深紫色的餐巾包裹成花束的模样，初秋的沉稳与惬意都蕴含在这餐桌之中。

下 餐盘选择描绘绿边，与桌上的果实、树叶装饰相互辉映，仅用简单的色彩就描绘出浓重的秋日之感。

用大自然中最朴质的树叶作为餐桌装饰，将秋日气息轻易释放。搭配的餐具、餐巾，质感上也较为拙朴，给人一种安定之感。

为了契合秋日的丰收感，造型随性的白色桌布和实木餐具，带着自然的味道，用新鲜的果蔬绿叶装饰，既有清新的味道，又有不错的装饰效果。

用小果实饰品捆扎餐巾，增添了踏实的感觉，点缀物也以果实为主，让餐桌具有变化的同时，又不孤立，再加上橙色的餐巾布，渲染出浓浓的秋日气息。

冬日里的一席暖意餐桌

在三九天的午后，或用心泡壶钟爱的茶，或准备一些提升幸福感的美味小食，和三五好友围坐在餐桌周围，品茗畅聊。虽然屋外寒冷，但小小的餐桌却为大家带来温暖踏实的感受和欢聚的喜悦。

温暖的色彩及柔软的材质是营造冬日餐桌不可或缺的两大要素。色彩上应尽量避免大面积冷色调的运用，红色、橙色、深棕色、土黄色等暖色是冬日餐桌色彩的首选，也可以适量添加白色来营造冬雪的气氛。

由于冬季气候寒冷干燥，餐桌中的布艺宜选用触感柔软且温暖的羊毛、棉、针织等材质来赶走冬日的严寒。另外，餐桌上的装饰品也应避免选用冰冷的材质，可以搭配陶制品、藤竹筐等天然质朴的装饰，令餐桌布置更显温馨。另外，冬日餐桌上的花艺装饰，除了选择适合的鲜花瓶插，也可以利用干花制作成花艺小景，展现别样的餐桌氛围。

整体设计：
强烈渲染主题

场景 1：

灰白相间的布艺，麻绳缠绕的酒瓶，以及粗陶、黄铜餐具，其材质无不散发出温暖的质感，为冷冽寒冬带来丝丝暖意。在众多温暖质感的器具之间，散落着若干透明玻璃器具，平添了几许轻盈。整体餐桌布置的色彩十分柔和，仅用几支绿色树枝带来生机，令人在数九隆冬之日也能感受即将苏醒的春之萌动。

适用场景：此餐桌布置装饰感极强，十分适合宾客来家中聚餐之前拍摄美照，为主人准备餐食留有更充裕的时间。

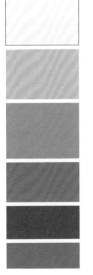

场景 2：

洌洌寒冬泡上一壶柠檬热茶，吃着新鲜出炉的热腾腾的蛋挞，将严寒拒之门外，而将温暖浓缩在方寸的餐桌之中。由于深色木质餐桌本身具有很好的温润视感，即使餐具和花器都用玻璃材质也不会打破温暖基调。红艳艳的玫瑰花带来火一样的热情，将餐桌笼罩在一派炙热的情感之中。餐椅上铺设了厚厚的坐垫，为使用者作保暖之用。

适用场景：这是一个十分轻松的下午茶餐桌布置，不用任何大费周章的摆设，简简单单就可以让人享受冬日午后的温情时光。

场景 3：

在餐桌中央叠放灰色和红色桌旗，其材质和色彩打造出十足的温暖感。在红色桌旗之上，横列一排品茶器具，集功用性与装饰性于一体，也成功引出品茗小聚的主题。将从路边采撷的苇草插在透明的玻璃瓶中，点染出季节的同时，也是很好的装饰品。餐椅上的棉麻抱枕及坐垫则共同将暖意传达到整个餐桌空间之中。

适用场景：

此场景将色彩与材质进行合理搭配，轻易营造出一个其乐融融的冬日品茗茶桌，更适合家中的男主人作为工作洽谈之用，当然，如和朋友小聚也十分适宜。

局部设计:
令餐桌更生动

上 红色餐盘和绿色餐布令整个餐桌氛围顷刻间活跃起来,松果和雪花装饰的点缀,将冬日的气氛推到了最高点。

下 金色餐具在灯光下闪闪发光,十分适合在寒冷的冬季为餐桌注入温暖。雪人和松枝纹样的盘饰,成为餐桌上最生动的装饰元素。

契合冬日雪景而选择银色和白色餐具是最好不过
的，为了使餐桌不过于单调和冷淡，以松果和棉
麻餐巾增加暖意，整体会更有冬日感。

棕色桌子上铺陈白色的蕾丝桌布，营造
出雪天的清爽感。餐桌上的餐巾布、酒
瓶装饰与绿色相近，好像冬日雪天里的
圣诞树一样。

粗麻餐巾和古铜餐具充满了粗犷、野性的味道，
老旧的餐桌也硬气十足。冬日的餐桌不光是温馨
的，也可以是奔放和肆意的。